# 極簡烹飪教室 5

## 麵包與甜點

How to Cook Everything The Basics:
All You Need to Make Great Food

Breads and Desserts

馬克・彼特曼
Mark Bittman

# 目錄

甜點　Desserts　—　47

# 如何使用本書

《極簡烹飪教室》全系列不只是食譜，更含有系統性教學設計，可以簡馭繁，依序學習，也可運用交叉參照的設計，從實作中反向摸索到需要加強的部分。

## 基礎概念建立

料理的知識廣博如海，此處針對每一類料理萃取出最重要的基本知識，為你建立扎實的概念，以完整發揮在各種食譜中。

烘焙麵包的基本知識

## 食譜名稱

本系列精選的菜色不僅是不墜的經典、深受歡迎的必學家庭料理，也具備簡單靈活的特性，無論學習與實作都能輕易上手，獲得充滿自信心與成就感的享受。

## 簡單介紹

一眼讀完的簡單開場，讓你做好心理準備，開心下廚！

## 食材

這道菜所需要的材料分量，及其形態或使用性質。

### 辣味切達乳酪奶油酥餅

Spicy Cheddar Shortbread

時間：45~60 分鐘
分量：30~40 塊餅乾

這麼簡單又可口的餅乾，沒有任何垃圾點心比得上，可說是完美的手指食物。

· 8 大匙（1 條）冰奶油，再多準備一些塗抹烤盤
· 2 杯刨碎的切達乳酪
· 1½ 杯中筋麵粉
· 1 顆蛋，稍微打散
· ½ 茶匙鹽
· ½ 茶匙卡宴辣椒

## 基本步驟

以簡約易懂的方式，引導你流暢掌握時間程序，學會辨識熟度、拿捏口味，做出自己喜歡的美味料理。

1. 烤箱預熱到 200℃。把奶油條切成小塊，再用額外準備的奶油塗抹淺烤盤。把所有材料放進食物調理機，間歇攪打幾次，當混合物變得像粗麥片團，就停止攪打。把麵團翻到保鮮膜上，包起來，輕輕壓成球形。麵團放入冰箱冷藏至少 20 分鐘，或者數小時。

2. 從麵團捏起一大匙大小的小塊，用雙手滾成 2.5 公分的球狀。把這些小球放在準備好的烤盤上，間距 5 公分。用手指將小球壓成 2 公分厚。如果烤盤放滿了，麵團還沒用完，等一下再烤第二批。

如果把麵團間歇攪打到開始黏在一起，就表示攪打過頭了。

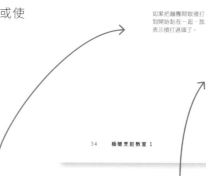

**把英式奶油酥餅的材料混合在一起** 間歇攪打所有材料，直到麵團呈現均勻的顏色和質地。應該不會有大型粉團。

## 補充說明

提醒特別需要注意的細節。

## 重點圖解

重要步驟特以圖片解說，讓你精準理解烹飪關鍵。

，直到奶油酥餅
色。等奶油酥餅冷
，就移到鐵架上，
。立刻上桌或加蓋
可以放置 1 天。

麵團揉捏得越少，
成品就越軟。

極簡小訣竅
▶ 麵團稍微冷藏會比較容易處
理、塑型，不過如果你真的很趕
時間，也可以放進冷凍庫 10 分
鐘左右。

變化作法
▶ **手揉辣味切達乳酪奶油酥餅：**
所有材料放進大碗裡，用手指或
叉子攪拌、搗壓均勻，直到變得
濕濕碎碎的，然後把麵團壓成球
形，用保鮮膜包起來，接著繼續
按照食譜步驟 2 進行。
▶ **其他乳酪：**不妨嘗試格呂耶
爾、愛曼塔、蒙契格乳酪，或者
用其他半硬質半硬質取代
切達乳酪。帕瑪乳酪的效果也不
錯。
▶ **孜然口味的乳酪奶油酥餅：**不
要加卡宴辣椒，改加 1 大匙孜然
粉。

延伸學習

| | |
|---|---|
| 烘焙麵包的基本知識 | B5,22 |
| 用奶油塗抹烤盤 | B5+26 |
| 適於烹煮的乳酪 | B5:17 |
| 刨碎乳酪 | B3:14 |

若要成品外觀一致，可以把
水杯或小酒杯的底部塗上一
點油，用來壓扁麵團。

變化作法

可滿足不同口味喜
好，也是百變料理的
靈感基礎。

延伸學習

每道菜都包含重要的
學習要項，若擁有一
整套六冊，便可在此
參照這道菜的相關資
訊，讓你下廚更加熟
練。*

的材料包起來捏成
可能會碎掉，因此
起來，壓成球形。

**把麵團滾成球狀** 雙手以相反
方向轉動，輕輕加壓，把小塊
麵團滾成球形。

**壓平奶油酥餅** 將奶油酥餅球
向下壓，就會得到很棒的粗獷
外觀。

* 代號說明：
本系列為 5 冊 + 特別冊，B1
代表第 1 冊，B2 為第 2 冊……
B5 為第 5 冊，S 為特別冊。

# 為何要下廚？

現今生活，我們不必下廚就能吃到東西，這都要歸功於得來速、外帶餐廳、自動販賣機、微波加工食品，以及其他所謂的便利食物。問題是，就算這些便利的食物弄得再簡單、再快速，仍然比不上在家準備、真材實料的好食物。在這本書裡，我的目標就是要向大家說明烹飪的眾多美好益處，讓你開始下廚。

烹飪的基本要點很簡單，也很容易上手。如同許多以目標為導向的步驟，你可以透過一些基本程序，從 A 點進行到 B 點。以烹飪來說，程序就是剁切、測量、加熱和攪拌等等。在這個過程中，你所參考的不是地圖或操作手冊，而是食譜。其實就像開車（或幾乎任何事情都是），所有的基礎就建立在你的基本技巧上，而隨著技巧不斷進步，你會變得更有信心，也越來越具創造力。此外，就算你這輩子從未拿過湯鍋或平底鍋，你每天還是可以（而且也應該！）在廚房度過一段美好時光。這本書就是想幫助初學者和經驗豐富的廚子享有那樣的時光。

在家下廚、親手烹飪為何如此重要？

▶ **烹飪令人滿足**　運用簡單的技巧，把好食材組合在一起，做出的食物能比速食更美味，而且通常還能媲美「真正的」餐廳食物。除此之外，你還可以客製出特定的風味和口感，吃到自己真正喜歡的食物。

▶ **烹飪很省錢**　只要起了個頭，稍微花點成本在基本烹飪設備和各式食材上，就可以輕鬆做出各樣餐點，而且你絕對想不到會那麼省錢。

▶ **烹飪能做出真正營養的食物**　如果你仔細看過加工食品包裝上的成分標示，就知道它們幾乎都含有太多不健康的脂肪、糖分、鈉，以及各種奇怪成分。從下廚所學到的第一件事，就是新鮮食材本身就很美味，根本不需要太多添加物。只要多取回食物的掌控權，並減少食用加工食品，就能改善你的飲食和健康。

▶ **烹飪很省時**　這本書提供一些食譜，讓你能在 30 分鐘之內完成一餐，像是一大盤蔬菜沙拉、以自製番茄醬汁和現刨乳酪做成的義大利麵、辣肉醬飯，或者炒雞肉。備置這些餐點所需的時間，與你叫外送披薩或便當然後等待送來的時間，或者去最近的得來速窗口點購漢堡和薯條，或是開車去超商買冷凍食品回家微波的時間，其實差不了多少。仔細考慮看看吧！

▶ **烹飪給予你情感和實質回饋**　吃著自己做的食物，甚至與你所在乎的人一同分享，是非常重要的人類活動。從實質層面來看，你提供了營養和食物，而從情感層面來看，下廚可以是放鬆、撫慰和十足快樂的事，尤其當你從忙亂的一天停下腳步，讓自己有機會專注於基本、重要又具有意義的事情。

▶ **烹飪能讓全家相聚**　家人一起吃飯可以增進對話、溝通和對彼此的關愛。這是不爭的事實。

麵包三明治、麵包和披薩，都是在家下廚者最可能買的現成食物，連老手也不例外。三明治、墨西哥夾餅等食物是美國人最常外帶的食物，一般人通常認為做麵包既困難費時，烘焙的細節也很繁瑣。至於披薩，一般人提到時最直接的反應是拿起電話，而不是打開家裡的烤箱。

我的任務是改變這些想法，或至少在某些時刻有不同的想法，而方法就是整理出一套簡單又能帶來成就感的麵包食譜。

我們會從認識各種麵包著手，了解如何用不同麵包製作酥脆麵包丁、三明治、墨西哥夾餅和墨西哥捲餅。接下來，你會學到比司吉、馬芬、司康餅等「快速麵包」（quick breads，會這樣稱呼，是因為這些麵包一下子就成形了）。接著，我們會進展到最簡單的酵母麵包、圓麵包和披薩，全都簡單到能夠證明「烘焙」可以成為日常烹飪很自然的一部分。在這過程中，你會學到掌控測量和混合材料的技術，而這些技術能夠確保你烘焙成功。

很少有人能真正自製所有種類的麵包，但如果只是學做其中幾種，其實很容易可以搭配平日晚餐的辣肉醬，星期天早晨吃個肉桂捲，甚至可以自製香蕉麵包送給朋友。這也許會喚醒你內在的烘焙魂，展開全新的廚房生活。不試試怎麼知道？

# 麵包和三明治的基本知識

## 如何切出三明治麵包片

麵包店都有麵包切片機，雖然厚度的選項不多，不過都能切出漂亮而均勻的麵包片。如果要你要自己切，請用長刀。

### 三明治專用的長條麵包

前後來回割鋸，穩定地慢慢切，每片厚度大約 1.2 公分。

### 扁平長條麵包

像是法國棍子麵包、佛卡夏麵包、貝果和義大利拖鞋麵包。先切成容易處理的正方形或長方形，再從水平方向切成兩半，小心手指別放在刀刃會通過的地方。

### 希臘袋餅

將口袋狀的希臘袋餅切對半，再塞入餡料。如果切開後沒有形成口袋狀，就把餅對摺、包住餡料，像墨西哥夾餅那樣吃。

## 10 種三明治餡料

任何食材幾乎都可夾進麵包片，只要食材不會太濕（這樣會讓麵包變得濕爛）、麵包不要切得太厚（厚到沒辦法咬），或者食材切得太細碎而夾不起來（餡料會從旁邊掉出）就好。最重要的是，餡料不要夾太多，三明治若是吃到解體，就喪失三明治的意義了。乳酪、熟食肉類、萵苣、番茄和洋蔥是最常見的餡料食材，不過我也喜歡用沙拉或稍微搗碎的豆子。冷的或者重新熱過的隔夜菜也很適合製成三明治。以下列出書中可以做成三明治餡料的肉類和非肉類菜餚：

1. 全熟水煮蛋（B1:19），切成薄片
2. 鷹嘴豆泥鷹嘴豆泥鷹嘴豆泥（B1:54）
3. 青醬（B3:22）
4. 烤肉排（B4:12）
5. 完美烤牛肉（B4:20）
6. 肉餅（B4:28）
7. 香料植物烤豬肉（B4:38）
8. 烤番茄（B3:66）
9. 油煎粉茄（B3:84）
10. 烤無骨雞肉（B4:54）

**外殼**
口感的範圍廣泛，從
深色酥脆到金黃耐嚼
都有。

**內裡**
「開」表示有很多大氣
孔，「緊」則表示氣孔
細小而緻密。

## 麵包的外殼和內裡

麵包自有一套語言，最好的學習方
法就是吃，從你能找到的最好的麵
包店開始（可能超市就有，也可能沒
有）。不同麵包之間的差異很明顯，
像是有厚而耐嚼的外殼、柔軟的內
裡、大量氣孔、有酥脆外殼和耐嚼內
裡，有些是柔軟而順口、甜而緻密等
等。每種麵包都有自己的特色，也有
各自的最佳用途，但是終究得由你來
決定自己喜歡哪一種。

# 酥脆麵包丁

Croutons

時間：15~25 分鐘
分量：4 人份

---

非常划算：把剩下的麵包變成食物儲藏櫃的必備品。

---

· ½ 條大麵包，任何高品質麵包皆可
· 2~4 大匙奶油，軟化，橄欖油也可

1. 烤箱預熱到 200℃。如果麵包尚未切片，就切成約 1.2 公分的厚度（也可隨喜好切厚一點）。應可切出 8 片以上。

2. 每片麵包的其中一面抹上奶油，或刷上橄欖油。將每一片切成對半或四等分，或是你喜歡的大方塊或小方塊。把這些麵包塊鋪在帶邊淺烤盤裡，平均鋪成一層，稍微接觸無妨，但不要重疊。

3. 把烤盤放入烤箱，烘烤麵包，視情況用鏟子翻面切片或撥動麵包塊，約烤 10~20 分鐘，直到每一面都烤成淡褐色，時間長短視切片厚度而定。冷卻到常溫後立刻上桌，或者密封存放，可以保存數日。

如果你用橄欖油取代奶油，只要用刷子沾一點油就好，如此麵包才不會太濕。

不需要守在烤箱旁，但也不要離太遠。

**麵包抹上奶油** 薄薄一層就好，否則會烤得不脆。一定要等奶油軟化再抹，否則麵包會刮壞。

**切出麵包丁** 大小不拘，吃起來都差不多。

**查看熟度** 麵包塊越小，就越快烤成褐色。大約烤 10 分鐘就要查看第一次。

## 極簡小訣竅

▶ 其實不抹油也能烤得酥脆,但抹了油會更香。

▶ 要軟化奶油,可以放進微波爐低溫微波,每次 20 秒。或者在常溫下放置一段時間。

## 變化作法

▶ **烤麵包**:適合烤一大堆。把麵包切成大約 1.2 公分的厚片。喜歡的話抹上奶油,或淋一點橄欖油,也可以烤好再抹。如步驟 **2** 所述,將麵包片平鋪在淺烤盤上,然後繼續依食譜步驟進行。

▶ **調味的酥脆麵包丁**:烘烤前在麵包上撒一點鹽和胡椒,再撒 1 大匙辣椒或咖哩粉。

▶ **蒜味酥脆麵包丁**:在步驟 **2**,將 1~2 匙大蒜末與奶油或橄欖油拌在一起,再抹上或刷上麵包。

## 延伸學習

# 新鮮麵包粉

Fresh Bread Crumbs

時間：10 分鐘

分量：1½~2 杯

---

從最開始的麵包種類到最後麵包粉的質地，一切由你掌握。

---

· ½ **大條麵包**，任何種類皆可，最好放 1~2 天。

1. 把麵包撕成約 5 公分的塊狀，將其中一半放入食物調理機。先間歇攪打 3~4 次，把麵包打散。然後讓機器運轉數秒，將麵包打碎成你想要的質地，例如粗粒、細碎，或者介於中間的任何尺寸。

2. 倒出麵包粉。其餘的麵包塊重複同樣的步驟。立即可用，或是密封後常溫存放 1 個月，也可冷凍保存 3 個月。

理想上，麵包應該有點乾，但又不像石頭那麼硬。

顆粒要稍微不均，才會產生絕佳質地，所以不必為了要求完美而攪打過頭，否則最後會打成粉末。

**撕開麵包** 先把麵包撕成小塊，你就能得到蓬鬆、均勻的麵包粉。

**製作粗粒麵包粉** 用機器間歇攪打幾次，直到打成青豆仁大小。

**製作細粒麵包粉** 讓機器多運轉數秒，直到麵包看起來像粗穀粒。

## 極簡小訣竅

▶ 幾乎可以用任何一種麵包（包括有硬殼的）製作麵包粉，但不要用內含種籽、水果、堅果等固體食材的麵包。

▶ 至於商店販賣的麵包粉，我唯一會買來放在食物儲藏櫃的就是日式麵包粉（而且在緊急情況下才會用，真的）。這種粗粒的麵包粉十分蓬鬆，幾乎隨處都買得到。全麥麵包做的日式麵包粉不但營養，而且超級酥脆，可以買來備用。

## 變化作法

▶ **烘烤麵包粉**：若要更酥脆的麵包粉，將烤箱預熱到 170℃。把麵包打碎後，放進帶邊淺烤盤，鋪成一層，放進烤箱烘烤，不時搖晃烤盤，直到全部烤成淡褐色。約需 15 分鐘，端看顆粒粗細而定。

▶ **油煎麵包粉**：這種麵包粉不適合用來沾裹食材，卻是絕佳的裝飾。將 1/4 杯橄欖油倒入大型平底煎鍋內，開中火，等油燒熱了，放入麵包粉，經常攪拌，煎到酥脆為止。約需 3~5 分鐘。可即刻使用。

## 延伸學習

# 燒烤乳酪三明治

Grilled Cheese Sandwich

時間：10 分鐘
分量：1 個三明治

好食材就能做出絕佳成品，而且不會比使用二流材料費工。

· 60 克的融化型乳酪，像是切達乳酪或格呂耶爾乳酪
· 2 片三明治麵包
· 1 大匙奶油

1. 乳酪切片或刨成絲，在兩片麵包片之間鋪成均勻的一層，邊緣留下 0.6 公分的空間。

2. 把奶油放入中型平底煎鍋，開中火。等奶油融化，轉動鍋子使奶油稍微流到周圍，然後把整個三明治放入煎鍋，煎到底部變成淡褐色，乳酪也開始融化。約需 2~5 分鐘。

3. 三明治翻面，把第二面也煎成淡褐色且乳酪完全融化，時間約需 2~3 分鐘。將三明治對切（或隨喜好切成四等分），即可食用。

袋裝的切片或刨絲乳酪品質絕對不會很好，往往很快就乾掉，而且風味不足。

翻面之後，讓三明治在煎鍋內四處滑動，把所有奶油吸進麵包。

**乳酪切片**　要切出平均的切片，從你想要的厚度下刀，然後慢慢下壓，讓刀刃保持與砧板垂直。

**製作三明治**　內餡不要滿到麵包外，而且奶油要布滿鍋子中央。

**三明治翻面**　翻面之前，將未煎的那片麵包向下壓，幫助麵包與乳酪黏在一起，然後鏟起三明治翻面。

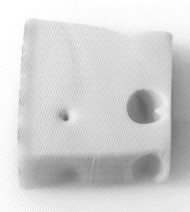

**愛曼托乳酪**
真正的「瑞士」乳酪，
中等硬度，有堅果味，
風味豐富。

**切達乳酪**
黃色或白色，熟
成後風味鮮明而
複雜，不過即使
是超市的切達乳
酪都可以做出好
吃的三明治。

**莫札瑞拉乳酪**
新鮮或熟成的都可以。風
味非常溫和，幾乎沒有刺
激味，融化之後黏性良好。

**格呂耶爾乳酪**
風味豐富，融化後
真的非常完美。

**芳汀那乳酪**
義大利山區的乳酪，有
堅果味且風味溫和。

## 極簡小訣竅

▶ 左圖都是很容易融化的乳酪，
很適合用來烹飪。

▶ 可用橄欖油取代奶油，但成品
風味就不會那麼濃郁。

## 變化作法

▶ **大量製作燒烤乳酪三明治**：烤
箱預熱到 200℃，把食譜的分量
增加到你要的份數。用一半的奶
油塗抹大型淺烤盤，剩下的融化
待用。將三明治放到淺烤盤上，
彼此間留一點空間，然後在麵包
表面刷上融化奶油。烘焙到麵包
變成金黃色，且兩面都酥脆，乳
酪也融化，過程中翻面一、兩
次，讓三明治烤得平均，全部時
間大約 15~20 分鐘。

▶ **燒烤乳酪三明治的 5 種變化：**
餡料不要放太多，否則會無法組
合在一起：
1. 三明治麵包的內側塗抹芥末醬
或美乃滋
2. 加一片番茄
3. 其中一片麵包塗抹青醬，並換
成莫札瑞拉乳酪
4. 舀 1 湯匙的焦糖洋蔥鋪在一片
麵包上
5. 剝碎一片培根放在乳酪上面

## 延伸學習

# 墨西哥豆泥捲餅

Bean Burritos

時間：30 分鐘
分量：4~8 份

---

一道食譜讓你快速做出墨西哥豆泥和墨西哥捲餅。

- 8 小片或 4 大片墨西哥麵粉薄餅（直徑 10 公分或 20 公分）
- ¼ 杯橄欖油
- 1 顆中型洋蔥，切丁
- 1 大匙孜然粉，或依口味多加一點
- ¼ 茶匙的卡宴辣椒，或者依口味多加一點
- 鹽和新鮮現磨的黑胡椒
- 3 杯煮熟或罐裝黑白斑豆，瀝乾
- 1 杯刨碎的切達乳酪、傑克乳酪或其他乳酪
- ¼ 杯酸奶油
- 1 杯大略切小塊的捲心萵苣或蘿蔓萵苣
- 1 杯莎莎醬

1. 烤箱預熱到 150℃。墨西哥薄餅疊上鋁箔紙，整個捲成圓筒，放進烤箱溫熱後，利用這個時間製作餡料。

2. 將油倒入大型平底煎鍋，開中火，油熱後放入洋蔥，頻繁拌炒，直到洋蔥變軟，開始變得透明。約需 3~5 分鐘。再放入孜然粉、卡宴辣椒、一撮鹽和胡椒，攪拌到開始散發香氣，約需時間不到 1 分鐘。加入豆子，用大叉子或馬鈴薯壓泥器搗碎大部分豆子，但不需搗成完全均勻平滑的豆泥。

3. 煮一下，繼續搗壓和攪拌，把洋蔥煮到相當軟，豆子也熱透且柔滑濃稠，約需 5~10 分鐘。如果混合物看起來很乾，可以加點水，一次 1 大匙。嘗嘗味道並調味，隨喜好多加一點辛香料。

4. 從烤箱拿出薄餅。在平坦表面上攤開，將 ¼ 杯豆子（大張的薄餅則放 ½ 杯）放在餅上靠近你這側的 ⅓ 處，再鋪上大約 ⅛ 的乳酪、酸奶油、萵苣和莎莎醬（大張薄餅則放 ¼ 的量）。

5. 如果是小張的薄餅，把左右兩側摺進來，稍微蓋住餡料，再捲起整張薄餅包住餡料，開口那一側朝下，放到盤子上。重複同樣步驟，把其餘的薄餅和餡料都包起來。如果是大張的薄餅，先把薄餅對半摺起、蓋住餡料，再將左右兩邊摺入，最後捲起來（可能會剩下一些豆子），立刻上桌。

**搗碎墨西哥豆泥** 大多數豆子都要壓碎，但留一些小團塊讓口感有點變化也很不錯。加適量的水讓豆泥變得柔滑，留意不要變得過於稀薄或濃稠。

**把餡料放到捲餅上** 餡料集中在薄餅的一側，這樣才能堆得緊密，也不會太靠近邊緣。請努力克制，不要放太多餡料。

### 極簡小訣竅

▶ 另一種加熱法：把墨西哥薄餅包在濕毛巾裡，微波 30 秒。查看狀況，需要的話再微波 10 秒左右，讓薄餅變熱但不至於軟爛。想要保持溫熱，可用乾的廚房布巾包起來。

▶ 試試用培根的油脂、豬油、蔬菜油或奶油取代豆泥中的橄欖油，不同油脂會產生些微不同的風味。

### 變化作法

▶ **10 種混搭餡料：**以下食材可以取代食譜中部分食材，或者額外添加。每一份捲餅的餡料維持約半杯的分量。

1. 刨碎或剝碎的墨西哥式乳酪
2. 炒蛋
3. 煮熟的雞肉
4. 烤馬鈴薯塊
5. 煮熟的玉米
6. 切碎的蔥
7. 剁碎的新鮮辣椒
8. 切碎的橄欖，任一種皆可
9. 切小塊的新鮮番茄
10. 切小塊的酪梨

### 延伸學習

**包起餡料**　若是小張的薄餅，先把左右兩側摺起，蓋住餡料約 2.5 公分。假如用大張的捲餅，可以先對半摺起蓋住餡料。

**捲起餅皮**　接著把兩側壓住，同時緊緊捲起薄餅。施加壓力在薄餅和餡料上，以免整個捲餅散開。

# 墨西哥
# 牛肉夾餅

Beef Tacos

時間：45 分鐘
分量：4 人份

---

家常晚餐升級：不含添加物的新鮮墨西哥夾餅，一鍋搞定，清洗便利。

- ½ 杯蔬菜油，可視需要調整分量
- 12 張小的墨西哥玉米薄餅（直徑大約 12.5 公分）
- 450 克沙朗牛絞肉或牛肩胛絞肉
- 鹽和新鮮現磨的黑胡椒
- 1 顆中型洋蔥，切碎
- 1 大匙大蒜末
- 1 根會辣的新鮮辣椒（如哈拉貝紐辣椒），去籽並切碎（非必要）
- 1 大匙孜然粉
- 2 大匙番茄糊
- 1 杯櫻桃蘿蔔，略切過，裝飾用
- ½ 杯，切碎，裝飾用
- 2 顆萊姆，切成四等分，上桌時附上

1. 在大型平底煎鍋內倒入大約 1.2 公分深的油，開中大火。等油燒熱，拿一張薄餅放進煎鍋，煎到氣泡開始脹起但餅皮仍柔軟，時間不超過 15 秒。用夾子翻面，對摺按住，煎幾秒鐘。等到薄餅變得夠脆且定形，稍微再煎一下，然後每隔幾秒就翻面，直到整張薄餅都變脆，大約需要 15~30 秒。將薄餅移到紙巾上吸油。以同樣的方法煎完所有薄餅，視需要調整火力，並且多加一點油。

2. 鍋裡留下大約 2 大匙的油，其餘的油小心倒掉，然後把火力降低為中火，放入牛絞肉，撒點鹽和胡椒，不時攪拌並撥散，直到絞肉開始變成褐色，約需 5~10 分鐘。放入洋蔥，不時攪拌，直到洋蔥變軟且開始變色，且絞肉開始變得酥脆，大約需要 5~10 分鐘。

3. 放入大蒜，若要加辣椒也在這時放入，炒到變軟約需 1~3 分鐘。放入孜然粉和番茄糊，拌炒一下，直到混合物散發出香氣，約需 1 分鐘。嘗嘗味道並調味。

4. 將絞肉分配放到各個夾餅裡，上面擺一點櫻桃蘿蔔和胡荽，再擠上一點萊姆汁，就可以上菜了。

夾子是最好的工具，不過動作要輕，才不會還沒煎脆就戳破薄餅。

**墨西哥薄餅煎軟** 並趁薄餅還柔軟、開始變脆之前翻面。

**讓薄餅定形成貝殼狀** 薄餅對半摺起，並以夾子壓住，使其定形。視需要翻面煎一下，將兩面和中央都煎脆。整個過程不超過 1 分鐘。

## 極簡小訣竅

▶ 你可以用完全一樣的方法煎墨西哥麵粉薄餅。

## 變化作法

▶ **更多種餡料：**可以用你喜歡的任一種絞肉，從雞肉到豬肉都可以。或者製作海鮮夾餅，可以用燒烤或炙烤魚（B2:14）或蒜味蝦（B2:30）。

▶ **5 種裝飾配菜：**

1. 酪梨醬和切小塊的番茄
2. 切絲的甘藍菜和切碎的蔥
3. 瀝乾的黑豆和紅莎莎醬或綠莎莎醬
4. 切絲的捲心萵苣或蘿蔓萵苣，搭配剝碎的墨西哥鮮乳酪或菲達菲達菲達
5. 切小塊的酪梨和紅燈籠椒

可依喜好決定絞肉要炒到多散。

**瀝乾夾餅上的油** 等到兩面都煎成金黃且酥脆，就移出煎鍋。靜置後會變更脆。

**完成餡料** 等絞肉完全變成褐色，大蒜和辣椒也炒了一會兒，就可以加入番茄糊並調味。

# 烘焙麵包的基本知識

## 麵粉的基本知識

無論是在天然食品店或一般雜貨店，都越來越容易買到各種麵粉，像是用黑麥、蕎麥、米和斯卑爾脫小麥磨成的粉。但是剛入門時最好從最基礎的種類著手，而這一章的食譜以下列麵粉製作最為適合：

中筋麵粉（萬用麵粉） 將麥粒碾碎，去除深色的小麥胚芽和麩皮，產生奶油色的麵粉（漂白過的麵粉會是亮白色，沒有理由買那種麵粉）。中筋麵粉又稱萬用麵粉是有原因的，這種麵粉可以用在各種用途。

低筋麵粉（蛋糕或糕點） 蛋白質含量比中筋麵粉低，質地也更細，可以讓比司吉、蛋糕、餅乾等變得既蓬鬆且細緻（請注意：低筋麵粉的麵團和麵糊很脆弱）。

高筋麵粉（麵包麵粉） 蛋白質含量比中筋麵粉多，可讓酵母麵包更有彈性、耐嚼，外殼也會比中筋麵粉更硬一點。不是必備，但很有用。

全麥麵粉 用包含小麥麩皮和胚芽的整顆麥粒磨碎而成（最好是用石磨），含有較多纖維，質地較緻密，也比白麵粉多了一點堅果風味。在多數食譜中，最多可以將白麵粉的50%換成全麥麵粉，做出來的結果會很棒。你可以用全麥中筋麵粉做麵包，用全麥低筋麵粉做蛋糕和餅乾。

玉米粉 用乾燥的玉米粒製成，可以買到細磨、中磨和粗磨的玉米粉（白色或黃色，有時甚至藍色，都可以互換）。請找中磨的石磨玉米粉（如果包裝上只標示「石磨玉米粉」，那就是了），口味比較好，也比鋼磨玉米粉營養。

## 膨脹劑

這個神奇的成分可以讓麵團膨脹，產生迷人的蓬鬆質地。原理是膨脹劑產生二氧化碳，而二氧化碳被困在麵粉和液體混成的麵糊或麵團結構裡。聽起來很簡單，對吧？以下是各種膨脹作用的差異，很容易理解。

化學小蘇打和發粉，用在快速麵包、鬆餅、蛋糕和餅乾。讓麵糊膨發的反應從混合材料的時候就開始了，所以麵糊和麵團一定要立刻烘焙。烘焙成果是內裡鬆軟，不像酵母麵包那樣扎實耐嚼。

酵母是一種生物（事實上是一種真菌），酵母麵包的質地從超軟到超韌都有。酵母混入麵團後，要等一點時間才能活化（事實上你是用餵食麵粉來繁殖酵母），所以使用酵母的食譜要等待一段時間（因此做不出快速麵包）。

以下是更多詳細資訊：

小蘇打 也就是鹼性化合物碳酸氫鈉，碰到酸性液體會發生反應，像是白脫乳、優格、醋及檸檬汁。

發粉 把小蘇打與一種乾的酸性材料混合在一起，碰到任何液體都會活化。

速發酵母 這種方便的粉末型酵母可以包裝成小袋、大袋或罐裝，存放在冰箱裡幾乎可以永久保存，而且隨時能混入乾料。我只用這種酵母。

活性乾酵母 大小包裝都有。外觀看似速發酵母，差別在於活性乾酵母必須混入溫熱的液體（45℃左右）才能活化，而使用速發酵母就可以避開這個步驟（這差別很大），我在這本書裡都是這樣做。

中筋麵粉

小蘇打　　　　發粉　　　　猶太鹽

全麥麵粉

## 是的，你也做得到

　　幾乎所有麵包使用的材料都沒有什麼特別之處，不同食譜用到的材料也大同小異，包括麵粉、膨脹劑（發粉、小蘇打或酵母）、水（或其他液體）、鹽，有時則加上油脂或其他增添風味的材料。如同其他章節，本章的食譜也從最簡單排到最難，不過說真的，這些麵包對完全新手來說都很容易（有一個建議：如果你是徹底的新手，不妨再翻閱一下測量乾料和液體材料的方法，參見特別冊 30~31 頁）。

# 玉米麵包

## Corn Bread

時間：45~50 分鐘

分量：6~8 人份

---

這是我的超簡單版本，不會太甜或太乾鬆，而是濕潤、有嚼勁，適合搭配各種食物。

---

- 1¼ 杯牛奶，可視需要多加
- 1 大匙白醋
- 4 大匙（½ 條）奶油，融化，另外多準備一點塗抹烤盤
- 1½ 杯玉米粉
- ½ 杯中筋麵粉
- 1 茶匙小蘇打
- 1 茶匙鹽
- 1 大匙糖
- 2 顆蛋

1. 烤箱預熱到 190℃。用微波爐加熱牛奶，或者倒入鍋子用爐火加熱至 40℃，比「微溫」稍微熱一點。加入白醋攪拌，然後靜置一下，這時你可以去準備其他材料。用一點奶油塗抹正方型烤盤。

2. 把玉米粉、麵粉、小蘇打、鹽和糖放在大碗裡混合均勻。另外把蛋放入酸奶裡攪打，再將酸奶混合物倒入乾料，充分攪拌，讓所有材料混合在一起。假如麵糊顯得非常乾，不太容易混勻，則多加 1~2 大匙牛奶。

3. 加入 4 大匙奶油，剛好混勻即可，不要攪拌過頭。把麵糊倒入準備好的烤盤，平鋪成均勻的一層，然後放進烤箱。

4. 烘焙 25~30 分鐘，直到表面烤成淡褐色，側邊脫離烤盤，用牙籤插入中央再拔出來也毫不沾黏。將成品切成一個個方塊，趁熱吃或溫溫吃都可以。

液體呈現這樣的分離狀態，稱為凝結或破碎。

液體混合物仍呈現些許凝結狀態，原因在於酸奶。

**讓牛奶變酸** 醋可以讓牛奶變得濃稠且變酸，這樣才能和小蘇打產生反應，讓麵包內裡變得鬆軟。

**混合乾料** 這個關鍵的烘焙技術可讓膨脹劑均勻分布，也把過度攪拌麵糊的風險降到最低。

**混合濕料** 濕料的顏色和質地都應該是均勻的。

## 極簡小訣竅

▶ 你也可以用優格或白脫乳取代牛奶和醋的混合物，這樣會帶來細緻而強烈的風味，麵包內裡也會比較柔軟。

## 變化作法

▶ **較甜的玉米麵包：**最多用到 ¼ 杯糖。

▶ **有玉米粒的玉米麵包：**準備 1 杯玉米粒，新鮮或冷凍皆可（不需要先解凍），加入步驟 2 的濕料裡。

▶ **哈拉貝紐辣椒和切達乳酪玉米麵包：**在步驟 2，準備 ½ 杯刨碎的切達乳酪，以及 1 大匙去籽並切碎的哈拉貝紐辣椒，等全部乾料混合均勻後加入。

▶ **培根玉米麵包：**這樣就不需要用到食譜中所有的奶油了。開始之前，先把 4~6 片培根煎到酥脆，然後用紙巾把多餘的油吸掉，並在步驟 1 用一些煎鍋裡的油脂塗抹烤盤。步驟 2 把濕料倒入乾料時，也把培根剝碎，放進麵糊。到了步驟 3，測量剩餘的培根油脂有多少，並加入適量的奶油，使油脂總量達到 ¼ 杯。

## 延伸學習

**完成麵糊**　應該還會有一些粉團，只要不再看到一條條麵粉的痕跡就停止（假如麵糊沒有融合在一起，則加點牛奶，一次加入 1 大匙）。

**將麵糊倒進烤盤裡鋪平**　麵糊相當濕，但一定要把麵糊推向烤盤邊緣，這樣烤出來的麵包表面才會相當平坦均勻。

# 香蕉麵包

Banana Bread

時間：大約 1 小時
分量：1 條（8~12 人份）

用過熟的香蕉做出快速麵包，吃起來很像蛋糕。

- 8 大匙（1 條）奶油，軟化，再多準備一些塗在烤盤上
- 2 杯中筋麵粉
- ½ 茶匙鹽
- 1½ 茶匙的發粉
- ¾ 杯糖
- 2 顆蛋
- 3 根非常熟的香蕉，用叉子搗壓到非常滑順
- 1 茶匙香莢蘭精
- ½ 杯切碎的核桃，非必要

1. 烤箱預熱到 180°C。以適量的奶油塗抹方型麵包烤模，底部和側邊都要塗抹。

2. 把麵粉、鹽、發粉和糖放入大碗裡，全部混合均勻。

3. 將奶油條放入一只中碗，用手持式攪拌器（或者電動攪拌器）攪打，直到奶油變得柔滑蓬鬆，然後加入雞蛋和香蕉攪打均勻。將這個混合物加入乾料，攪拌到所有材料剛好混合均勻。輕輕把香莢蘭精切拌進去，要加核桃的話也在這時加入。

4. 把麵糊倒入準備好的烤模裡。烘焙 50~60 分鐘，直到頂部變成褐色，用牙籤插入麵包中心再拔出來也幾乎沒有沾黏。放在架子上讓烤模冷卻 15 分鐘，然後小心翻轉，倒出麵包。可以溫熱地上桌或者放到常溫吃（或用保鮮膜包起來，在常溫下可以保存一、兩天）。

如果你不想用手，可以試著用刷子或紙巾。

這個步驟也可以用電動攪拌器，但其實沒那麼好用。

**用奶油塗抹烤模**　用剛好足量的奶油塗抹烤模內部，底部和側邊都要塗。

**用手持式攪拌器打發奶油**　作法是把空氣打進去，讓奶油看起來輕盈而蓬鬆。

## 極簡小訣竅

▶ 熟到你不想拿起來吃的香蕉非
常適合做成香蕉麵包。顏色越
深、質地越軟（而且褐色斑點越
多）就越好。

## 變化作法

▶ **全麥香蕉麵包：**用 ½ 杯全麥
麵粉取代 ½ 杯中筋麵粉。
▶ **核桃的 5 種替代品：**
1. 切碎的美洲山核桃
2. 切碎的杏仁
3. 葡萄乾
4. 蔓越莓果乾
5. 無加糖的椰子粉

另一種測試熟度的方法：
輕壓麵包頂部，應該要很
有彈性。

**把材料切拌入麵糊內** 剷起一
些混合好的麵糊，蓋住新加入
的材料，就這樣多做幾次，把
材料切拌入麵糊裡。

**用牙籤測試熟度** 把牙籤戳入
麵包中心，拉出來應該會乾乾
的（或幾乎是乾的）。如果上
面黏著濕濕的麵糊或麵包體，
表示還沒有烤熟。

# 藍莓馬芬

Blueberry Muffins

時間：大約 40 分鐘
分量：12 個馬芬

杯子蛋糕和麵包的交會：微甜，非常軟。

- 3 大匙蔬菜油，多準備一些塗抹烤盤
- 2 杯中筋麵粉
- ½ 杯糖
- ½ 茶匙鹽
- 1½ 茶匙發粉
- 1 茶匙肉桂粉
- 1 顆蛋
- 1 杯牛奶，可視需要多加
- ½ 茶匙的碎檸檬皮
- 1 杯新鮮藍莓

1. 烤箱預熱到 190°C。用一點油塗抹 12 杯份的馬芬烤模，也可以鋪上紙質或鋁箔的馬芬杯。

2. 把麵粉、糖、鹽、發粉和肉桂粉放入大碗裡混合均勻，雞蛋、牛奶、碎檸檬皮和蔬菜油則在中碗裡打勻，然後把濕料加到乾料裡，攪拌到所有材料剛好混合即可。如果麵糊非常乾，不容易混合，就多加 1~2 大匙牛奶。最後輕輕把藍莓切拌入麵糊裡。

3. 將麵糊分配到 12 個馬芬杯裡，填入 ⅔ 滿。烘焙 20~25 分鐘，直到馬芬的頂部變成褐色，而且用牙籤插入中心再拔出來是乾淨的。把烤模拿出烤箱，靜置 5 分鐘，然後再取出一個個馬芬。溫溫地端上桌，或放到常溫再吃也可以（或者密封包起，在常溫中可以保存一、兩天）。

你也可以在烤模裡鋪上紙杯或鋁箔杯，以此取代塗油。

**為烤模塗油**　如前述使用奶油的塗法，以足量的油均勻塗抹底部和側邊。

極簡小訣竅

▶ 馬芬的麵糊應該會含有一點粉團，直到加入藍莓之前都還是如此。如果為了讓麵糊滑順而攪拌過頭，馬芬會變得又硬又韌。

變化作法

▶ **玉米粉藍莓馬芬：**用玉米粉取代 ½ 杯麵粉。
▶ **蔓越莓堅果馬芬：**以新鮮或冷凍的蔓越莓（不需要解凍）取代藍莓，並以碎橙皮取代碎檸檬皮，切拌蔓越莓的同時也加入 ½ 杯切碎的核桃。

延伸學習

麵糊會在烘焙時膨發。

**切拌水果**　切拌藍莓的動作要輕一點，否則藍莓會破掉，汁液會將麵糊染色。

**填入馬芬杯**　用兩根大湯匙（或者一根湯匙搭配你的手指）把麵糊放入馬芬杯，裝入 ⅔ 滿。

# 白脫乳
# 比司吉

Buttermilk Biscuits

時間：20~30 分鐘

分量：6~12 塊比司吉（視大小而定）

白脫奶或優格的酸會帶來柔軟的麵包內裡，用低筋麵粉也會得到一樣的效果。

- 2 杯中筋麵粉或低筋麵粉，另外多準備一些幫助比司吉定形
- 1 茶匙鹽
- 1 大匙發粉
- 1 茶匙小蘇打
- 5 大匙冰奶油，切成 1.3 公分的厚片
- ¾ 杯外加 2 大匙的白脫乳或優格

1. 烤箱預熱到 230℃。把麵粉、鹽、發粉和小蘇打放入大碗裡混合均勻，然後加入奶油，並壓入麵粉混合物裡，再用手指剝成一個個小塊，直到混合物變成像麥片般粗粗的一團。

2. 加入白脫乳，攪拌到混合物全部結合在一起，形成球狀。取一些麵粉（約 ¼ 杯）撒在乾淨的工作枱上，並把麵團從大碗裡倒出來，放到麵粉上。揉幾下麵團，如果非常黏，兩隻手可以多抓一點麵粉再揉。

3. 把麵團壓至 2 公分厚，再用比司吉

切模或水杯切出直徑 4~6.5 公分的圓形，把這些圓形麵團放到未塗油的淺烤盤上。切剩的麵團再揉成一團，然後壓平成 2 公分厚度，切出更多比司吉。如果麵團還夠，重複同樣步驟。

4. 烘焙 5~10 分鐘，視大小而定，直到比司吉烤成金黃色。把比司吉移到架子上，15 分鐘內端上桌。或者用鋁箔紙包起來，放入 90℃ 的烤箱裡保溫，最多放 1 小時。

等到麵團看起來像這樣，就停止攪拌。

為了避免加入太多麵粉，請把麵粉撒在手上，不要撒在麵團上。

**把奶油捏進麵粉**　要做出層狀的比司吉和酥皮，請用手指把冰奶油捏入麵粉，手勢就像在「點鈔」。

**混合比司吉的麵團**　加入白脫乳後，只要攪拌到材料剛剛好混合，變成粗粗的麵團就停下。

**輕揉麵團**　迅速將麵團對半摺起，然後往外推壓出去，再把麵團旋轉 90 度，重複同樣動作，直到麵團變得比剛開始稍微滑順。

極簡小訣竅

▶ 低筋麵粉所含的蛋白質「麩質」比中筋麵粉少，這表示比司吉的質地會是一片片的層狀，不過麵團也因此會比較難處理，如果你擔心做不好，可以試著混用兩種麵粉。

▶ 喜歡的話也可以用擀麵棍取代雙手，把麵團壓平變成 2 公分厚，質地會比較均勻，也比較像麵包。

## 變化作法

▶ **用食物調理機製作白脫乳比司吉**：在步驟 1 中，把麵粉、鹽、發粉和小蘇打放入食物調理機，間歇攪打幾下，使之混合均勻。然後加入奶油，間歇攪打幾下，使奶油混入麵粉混合物。接著把混合物移入碗中，按照食譜的步驟 2 繼續進行。

▶ **用滴落法做比司吉**：趕時間的良方，可以用雙手混合，也可用食物調理機攪打，但就不會有那麼明顯的一層層。把白脫乳增加到 1 杯，並跳過步驟 2 的揉捏，而是用大湯匙舀起一大坨麵團，再滴落在事先塗油的淺烤盤上，然後依照指示烘焙。

## 延伸學習

**切出比司吉**　將麵團壓成大約 2 公分厚。如果你有圓形的餅乾切模或比司吉切模就太好了，假如沒有，就找個臨時替代品。把切模放在麵團上，用力向下壓。

**調整比司吉的口感**　要烤出金黃且略酥的比司吉，就多留一點間隙。若是喜歡柔軟且蓬鬆的比司吉，就排緊一點，直到幾乎相接。

# 櫻桃杏仁
# 司康餅

Cherry-Almond Scones

時間：20~30 分鐘
分量：8~10 個司康餅

---

令人驚艷的組合，不過幾乎任何東西
都可加進這團濃郁、細緻的麵團裡。

---

- 2 杯中筋麵粉或低筋麵粉，可視需要
  多加，另外多準備一些定形用
- ½ 茶匙鹽
- 2 茶匙發粉
- 3 大匙糖
- 5 大匙冰奶油，切成 1.2 公分的厚片
- 1 顆蛋
- ½ 杯鮮奶油，可視需要多加，另外多
  準備一些刷塗用
- ⅓ 杯櫻桃果乾
- ⅓ 杯切片的杏仁

1. 烤箱預熱到 230°C。把麵粉、鹽、發粉和 2 大匙糖放進大碗裡混合均勻。加入奶油，把奶油按入麵粉混合物裡，並用手指剝成小碎塊，直到變成像麥片般粗粗的一團。

2. 加入蛋和 ½ 杯鮮奶油攪拌均勻，混合物應該會形成稍黏的麵團。假如麵團太黏，可以加一點麵粉，但只能加一點點，麵團還是應該要有點黏手。假如麵團太乾，則多加一點鮮奶油，一次加 1 大匙。

3. 取 2 大匙麵粉撒在工作枱上，然後把麵團翻到枱面上。將櫻桃和杏仁撒在麵團上，只能揉動幾下，剛好把水果和堅果包入麵團裡即可。如

果麵團非常黏，可加 1~2 大匙麵粉，但不能再多。

4. 把麵團壓成 2 公分厚的圓形，沿著直徑切，切成 8~10 個楔形。

5. 在每塊司康餅頂部刷塗一點鮮奶油，並把剩下的 1 大匙糖撒上去，然後用鍋鏟一一移到未塗油的淺烤盤上，間距約 2.5 公分。烘焙 8~12 分鐘，直到司康餅變成金黃色。把司康餅移到架子上放涼一下，可能的話立刻上桌，否則至少要在當天吃完。

取 1 顆蛋和 1 茶匙水，攪打均勻，這也是常見的塗刷材料。

**把材料揉進麵團** 把水果和堅果包進麵團裡，然後往外推壓出去。讓麵團轉 90 度，再重複上述步驟，揉捏的動作越少越好。

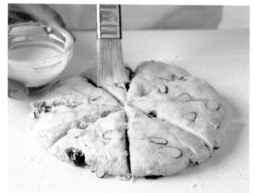

**「塗刷」頂部再烘焙** 用一點點鮮奶油塗刷司康餅，這樣可以有些微光澤。

**撒一點糖** 把司康餅放到淺烤盤上之前，先在頂部抹上鮮奶油並撒糖，這樣糖和鮮奶油才不會掉到烤盤上燒焦。

## 極簡小訣竅

▶ 與白脫乳比司吉（B5:30）一樣，這道食譜如果用低筋麵粉，會做出超鬆軟的層狀內裡，但麵團揉製起來比較麻煩，有點難處理。

▶ 在英國（也就是司康餅的起源地），司康餅會搭配凝脂鮮奶油一起吃，但在美國不容易找到這種鮮奶油。也可以嘗試用義大利的馬士卡彭，或者酸奶油，甚至只搭配奶油也可以。當然，還有果醬。

## 變化作法

▶ 5種也可以揉進司康餅的材料。除了櫻桃和杏仁，也可嘗試以下材料，最多加入 ½ 杯：

1. 穗醋栗（這是傳統口味）
2. 罌粟籽
3. 切小塊的杏子乾
4. 巧克力脆片或巧克力塊
5. 刨碎的切達乳酪或帕瑪乳酪（食譜中的糖不要加）

## 延伸學習 ────

# 辣味切達乳酪奶油酥餅

Spicy Cheddar Shortbread

時間：45~60 分鐘

分量：30~40 塊餅乾

---

這麼簡單又可口的餅乾，沒有任何垃圾點心比得上，可說是完美的手指食物。

---

· 8 大匙（1 條）冰奶油，再多準備一些塗抹烤盤
· 2 杯刨碎的切達乳酪
· 1½ 杯中筋麵粉
· 1 顆蛋，稍微打散
· ½ 茶匙鹽
· ½ 茶匙卡宴辣椒

1. 烤箱預熱到 200℃。把奶油條切成小塊，再用額外準備的奶油塗抹淺烤盤。把所有材料放進食物調理機，間歇攪打幾次，當混合物變得像粗麥片團，就停止攪打。把麵團翻到保鮮膜上，包起來，輕輕壓成球形。麵團放入冰箱冷藏至少 20 分鐘，或者數小時。

2. 從麵團捏起一大匙大小的小塊，用雙手滾成 2.5 公分的球狀。把這些小球放在準備好的烤盤上，間距 5 公分。用手指將小球壓成 2 公分厚。如果烤盤放滿了，麵團還沒用完，等一下再烤第二批。

3. 烘焙 10~12 分鐘，直到奶油酥餅膨脹，烤成金黃色。等奶油酥餅冷卻到能夠用手拿，就移到鐵架上，再烤剩餘的麵團。立刻上桌或加蓋保存，在常溫下可以放置 1 天。

麵團揉捏得越少，成品就越軟。

如果把麵團間歇攪打到開始黏在一起，就表示攪打過頭了。

把英式奶油酥餅的材料混合在一起　間歇攪打所有材料，直到麵團呈現均勻的顏色和質地。應該不會有大型粉團。

把奶油酥餅的材料包起來捏成球形　麵團可能會碎開，因此用保鮮膜包起來，壓成球形。

## 極簡小訣竅

▶ 麵團稍微冷藏會比較容易處理、塑型，不過如果你真的很趕時間，也可以放進冷凍庫 10 分鐘左右。

## 變化作法

▶ **手揉辣味切達乳酪奶油酥餅：**所有材料放進大碗裡，用手指或叉子攪拌、搗壓均勻，直到變得濕濕碎碎的，然後把麵團壓成球形，用保鮮膜包起來，接著繼續按照食譜步驟 2 進行。

▶ **其他乳酪：**不妨嘗試格呂耶爾、愛曼塔、蒙契格乳酪，或者用其他半硬質乳酪取代切達乳酪。帕瑪乳酪的效果也不錯。

▶ **孜然口味的乳酪奶油酥餅：**不要加卡宴辣椒，改加 1 大匙孜然粉。

## 延伸學習

| | |
|---|---|
| 烘焙麵包的基本知識 | B5:22 |
| 用奶油塗抹烤盤 | B5:26 |
| 適於烹煮的乳酪 | B5:17 |
| 刨碎乳酪 | B3:14 |

若要成品外觀一致，可以把水杯或小酒杯的底部塗上一點油，用來壓扁麵團。

**把麵團滾成球狀** 雙手以相反方向轉動，輕輕加壓，把小塊麵團滾成球形。

**壓平奶油酥餅** 將奶油酥餅球向下壓，就會得到很棒的粗獷外觀。

# 免揉麵包

No-Knead Bread

時間：24 小時（多數時間無需看顧）
分量：1 大條麵包（4~8 人份）

---

這真是好東西：外殼香脆又美味的酵母麵包，很適合初學者。

---

· 4 杯中筋麵粉或高筋麵粉，可視需要多加
· ½ 茶匙速發酵母
· 2 茶匙鹽
· 玉米粉，需要時撒粉用

1. 把 4 杯麵粉、酵母和鹽放入大碗裡，混合均勻。加入 2 杯開水（溫度應該約為 20℃）攪拌至全部混合，你會得到粗粗黏黏的麵團（如果看似很乾，可以多加 1~2 大匙開水）。用保鮮膜把碗口包起來，讓麵團靜置在室溫中，直到表面冒出一點一點的小氣泡，大約靜置 18 小時（如果你的廚房比較溫暖，可以少放幾個小時，廚房比較冷則多放幾個小時）。

2. 將大約 ¼ 杯麵粉鋪在乾淨的工作枱上，把麵團翻到麵粉上，對摺一到兩次。用保鮮膜鬆鬆地裹住麵團，靜置 15 分鐘。

3. 用雙手將麵團快速、輕柔地捏成圓形，適度加入一點麵粉，讓麵團不黏手。在一塊乾淨的棉質布巾（不要用絨面布巾）上撒 2 大匙玉米粉，把麵團接合的那一面朝下，放在布巾上，並在麵團頂部多撒 1 大匙玉米粉。用另一條棉質布巾蓋住麵團，再靜置一下，直到麵團變成 2 倍大，而且用手指壓一下不會立刻彈回來，大約要 2 小時（如果房間溫度較低，可以放久一點）。

4. 麵團完成時，烤箱預熱到 230℃，並拿一個耐熱的有蓋大湯鍋放入烤箱。

5. 等湯鍋烤到火燙，小心從烤箱裡拿出來，移開蓋子。揭開麵團上的蓋布，一隻手滑到底下布巾的下方，托起麵團，然後利用布巾把麵團翻到湯鍋裡。蓋上湯鍋的蓋子，放進烤箱烘焙 30 分鐘，然後移開蓋子，烘焙到麵包完全烤成褐色，頂部也出現裂紋，約需 20~30 分鐘。用鍋鏟或夾子從湯鍋內小心取出麵包，在架子上放涼至少 30 分鐘，然後切成厚片。

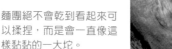

麵團絕不會乾到看起來可以揉捏，而是會一直像這樣黏黏的一大坨。

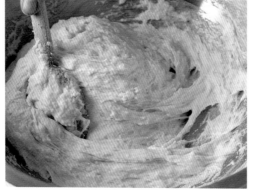

**調製麵包的麵團**　攪拌到麵粉、酵母、鹽和水都混合在一起，質地也很均勻。麵團還是很黏，外觀也很粗糙。

**讓麵包發酵**　這個步驟會讓麵包漸漸產生香氣，等到表面出現一點點的小氣泡，並發出酵母麵包的香氣，就可以移到工作枱上了。

延伸學習 ————————
烘焙麵包的基本知識　　　　B5:22

## 極簡小訣竅

▶ 這份食譜是紐約烘焙師雷希（Jim Lahey）發展出來的，我把整個過程調整得更流暢一點，並點出其中值得學習的通用原則。

▶ 頭幾次做酵母麵包，可以用溫度計確保水的溫度接近 21℃，這樣酵母才能發揮應有的作用。

▶ 如果烘烤時間還沒到，麵團就飄出焦味，請把烤箱溫度降低到218℃。

▶ 要判斷麵包是否真的烤好，可以插入快速測溫的溫度計，烤好的麵包應該是 99℃。

## 變化作法

▶ **全麥免揉麵包：**最多將 2 杯中筋麵粉改為全麥麵粉。麵包不會膨發得那麼高，質地也會稍微緊緻，而且充滿香氣。

讓布巾幫忙，你的雙手就不會碰觸到非常燙的鍋子。

**讓麵團發起來**　把麵團放在兩塊布巾中間，麵團體積會逐漸變大。等到麵團大致失去彈性，就可以烘焙了。

**移動麵團**　訣竅是果斷，用布巾迅速拎起麵團，向下放進湯鍋裡。形狀看起來也許不太規則，但麵團會自行修正。

# 簡單
# 三明治麵包

Simple Sandwich Loaf

時間：3~4 小時（多數時間無需看顧）
分量：1 大條麵包

---

非常適合切片和烘烤，也很適合搭配各式各樣的餡料。

---

- 1¼ 杯全脂牛奶或 2% 低脂牛奶，可視需要多加
- 3½ 杯中筋麵粉或高筋麵粉，再多準備一點讓麵團定形
- 1 茶匙鹽
- 1 小包（2½ 茶匙）速發酵母
- 1 大匙糖
- 3 大匙蔬菜油，再多準備一些塗抹烤模

1. 用微波爐加熱牛奶，或用湯鍋在爐火上加熱到 40℃，這會比微溫稍微再熱一點。把 3½ 杯麵粉、鹽、酵母和糖放入食物調理機，間歇攪打混合。機器運轉時，從進料管加入 2 大匙蔬菜油和牛奶，攪打到麵團變成形狀明確、幾乎不黏、容易處理的球狀，大約攪打 30 秒。如果顯得太乾，一次加入 1 大匙牛奶，每次加入後都攪打 5~10 秒；假如太濕，一次加入 1 大匙麵粉，同樣再攪打 5~10 秒。

2. 用一大匙油塗抹一只大碗。將麵團大致調整成球形，放入大碗，翻面一次（於是麵團表面會裹著薄薄一層油），然後用保鮮膜包住碗口。靜置在室溫中，直到麵團變成幾乎 2 倍大，大約要 2 小時以上。捶打麵團使氣體排出，然後再次捏塑成球形。將 ¼ 杯麵粉撒在工作枱上，把麵團放上去，用保鮮膜蓋住，至少靜置 15 分鐘。

3. 用適量的油塗抹麵包烤模的底部和側邊。把麵團壓平成厚度約 2 公分的長方形，然後將長方形長邊的兩端摺向中央。從相接處把麵包拎起來，放進麵包烤模裡，相接的那一面朝下（如果麵團太長，則把兩端向下摺）用手背把麵團頂部壓平，並把麵團緊緊壓入烤模內。用保鮮膜蓋起來，讓麵團發起來，直到頂部幾乎與烤模邊緣同高，大約需要 1 小時。

4. 烤箱預熱到 180℃。在麵團頂部輕輕刷上一點水，然後放進烤箱。烘焙 40~50 分鐘，直到麵包能夠輕易脫離烤模，而且輕彈烤模底部會聽到中空的聲音（插入快速測溫的溫度計會顯示 99℃）。將麵包從烤模裡移出來，在金屬架上放涼之後再切片。

裹上一層油，可使麵團在膨發過程中不致乾掉。

**第一次讓麵團發起來** 在塗過油的大碗裡將麵團翻面，使每一面都裹上油，然後用保鮮膜蓋住，等麵團發起來。

**向下捶打麵團** 事實上不是真的捶打麵團（除非你真想這麼做），只是用拳頭向下壓，力道要大到把裡面的氣體擠出來，以便在烤模內第二次發麵團。

## 極簡小訣竅

▶ 在這裡，食物調理機提供的作用是揉捏麵團。你也可以用桌上型攪拌器，裝上勾狀的麵團攪拌棒，成果也很好。無論哪一種方法，做出來的麵團幾乎都比任何人用手揉出來還要好，不過也可以完全不用機器做出麵團：把所有材料放進碗裡，用木匙攪拌混合，直到再也攪不動，然後開始用雙手把麵團揉成球形。將麵團翻到鋪了麵粉的工作枱上，摺起，用掌根向下壓，再像做比司吉那樣翻面，只是用力一點（B5+30）。重複同樣的步驟數次，直到麵團變得平滑為止。按照步驟 2 繼續進行。

## 變化作法

▶ **蜂蜜全麥三明治麵包：**用全麥麵粉取代 1¾ 杯中筋麵粉，並以 2 大匙蜂蜜取代糖，在步驟 1 隨著油和牛奶一起加入。

▶ **新英格蘭玉米糖蜜麵包：**微甜並帶有玉米風味：用 ½ 杯玉米粉和 1 杯全麥麵粉取代 1½ 杯中筋麵粉，並把牛奶減成 1 杯。不放糖，改用 ½ 杯糖蜜，在步驟 1 與油和牛奶一起加入。

## 延伸學習

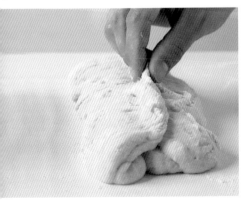

**捏塑出麵包的形狀**　摺成長方形之後，把相接的兩端捏合起來，需要的話把邊緣塞到下方，以符合烤模大小。麵團一發起來就會塞滿烤模。

**將麵團壓入麵包烤模裡**　輕輕把麵團壓平，等麵團膨發並經過烘焙之後，頂部會變圓。

# 肉桂捲

Cinnamon Rolls

時間：3~5 小時（多數時間無需看顧）
分量：15 個

好玩的烘焙計畫，絕對讓你成為家人眼中的英雄。

- 3½ 杯中筋麵粉或高筋麵粉，可視需要多加，另外多準備一些讓麵團定形
- 1 大匙速發酵母
- 2 茶匙鹽
- ¾ 杯加 1 大匙的白砂糖
- 2 大匙冰奶油
- 2 顆蛋
- 1 杯全脂牛奶，可視需要多加
- 7 大匙奶油，預先軟化，多準備一些塗抹烤盤
- 2 大匙肉桂粉
- 1½ 杯糖粉
- ½ 茶匙香莢蘭精

1. 把 3½ 杯麵粉、酵母、鹽、1 大匙糖和冰奶油放入食物調理機，用機器間歇攪打幾次，直到奶油平均分布在麵粉裡，但還沒有完全混成麵團。加入雞蛋，間歇攪打幾次。機器運轉時，從進料管慢慢加入 ¾ 杯牛奶。

2. 攪打大約 30 秒後，需要的話多加一點牛奶，一次加入 1 大匙，直到混合物形成球狀，摸起來黏黏的。如果混合物太黏，加一點麵粉，一次加 1 大匙，每次加入後再攪打 5~10 秒。

3. 用 1 大匙軟化奶油塗抹一只大碗。把大約 ¼ 杯麵粉撒在乾淨的工作枱上，然後將麵團翻到麵粉上，揉 5~6 次，將麵團揉塑成平滑的圓球。麵團放進準備好的大碗裡，翻面一次（於是表面會裹上薄薄一層奶油），用保鮮膜包住碗口，靜置於室溫下，直到麵團變成 2 倍大，約需 1~2 小時。

4. 把麵團向下壓，擠出空氣，再捏塑成球形。把這顆球放到略撒過麵粉的平面上，再撒上一點麵粉，用保鮮膜包住，靜置大約 20 分鐘。

5. 把適量的軟化奶油塗抹在長方形烤盤的底部和側邊。肉桂粉和剩餘的 ¾ 杯糖放進小碗內混合均勻。把麵團壓成長方形，大小約與烤盤相同。剩餘的 6 大匙軟化奶油塗在麵團的整個表面上，再把肉桂糖粉撒到奶油上。沿著長邊把麵團捲起來，將相接處捏緊，然後把麵團捲切成 15 片。所有切面朝上，放進烤盤。用保鮮膜把整個烤盤包起來，靜置到麵團又變成 2 倍大，約需 1~2 小時。

6. 烤箱預熱到 170℃。揭開保鮮膜，把肉桂捲烘焙成金黃色，約需 25~30 分鐘。將糖粉、剩餘的 ¼ 杯牛奶和香莢蘭精在小碗裡攪打混合。讓肉桂捲冷卻個幾分鐘，然後把整個烤盤倒扣到另一個烤盤或盤子上。把糖霜塗抹到整個肉桂捲上即可上桌。

**放上肉桂捲的餡料** 把肉桂糖粉盡可能均勻地撒在奶油上，從中央到邊緣都要撒到。

極簡小訣竅

▶ 若麵團太有彈性，不容易壓成長方形，就再靜置幾分鐘，這樣麵團會變得比較沒有彈性，也比較容易捏塑成形。

▶ 捲起麵團或切片時，如果有任何肉桂糖粉掉到麵團外，都請盡量收集起來，等把肉桂捲放上烤盤後，再撒到肉桂捲上。

▶ 如果沒有夠大的盤子可以倒扣烤盤（或者烤好的肉桂捲黏在烤盤上），也可以在烤盤上塗抹糖霜。

▶ 要塗抹糖霜的時候，假如肉桂捲還很燙，糖霜會融進肉桂捲裡面（這樣還是很好吃）。如果希望糖霜維持白色，就等肉桂捲涼一點再塗抹。

延伸學習

**把麵團捲起來並捏緊相接處**　慢慢捲起麵團，盡可能捲緊一點，而且要捲得很均勻，然後用手指把整條相接處捏緊，將開口封住。

**切開捲好的麵團**　輕柔地前後拉動鋸齒刀，將麵團切片，這樣才不會擠壓到麵團捲。

# 乳酪披薩

Cheese Pizza

時間：2~3 小時（多數時間無需看顧）
分量：2 塊中型披薩（4~6 人份）

比外送披薩美味百倍，而且只要事先做好麵團冷凍起來，真的超級簡單。

- 3 杯中筋麵粉或高筋麵粉，可視需要多加，另外多準備一些用來揉麵團
- 2 茶匙速發酵母
- 2 茶匙鹽，另外多準備一些用來調味
- 3 大匙橄欖油，另外多準備一些塗抹烤盤
- 2 杯番茄醬汁
- 2 杯刨碎的莫札瑞拉乳酪
- 新鮮現磨的黑胡椒

1. 把 3 杯麵粉、酵母和鹽放入食物調理機，按下開關攪打，並從進料管加入 1 杯開水和 2 大匙橄欖油。攪打到混合物形成球狀，摸起來稍微黏手，大約需要攪打 30 秒。如果混合物太乾，每次多加 1 大匙水，每次加入後攪打 5~10 秒。假如混合物太黏，則一次多加 1 大匙麵粉，每次加入後同樣攪打 5~10 秒。

2. 取 ¼ 杯麵粉撒在乾淨的工作枱上。把麵團翻到麵粉上，揉捏到差不多形成平滑的圓球狀即可。用剩餘的 1 大匙橄欖油塗抹一只大碗，然後把麵團放進大碗，翻面一次（於是表面裹上薄薄一層油），再用保鮮膜包住碗口。靜置於室溫下，直到麵團變成 2 倍大，約需 1~2 小時。

3. 向下壓麵團，把氣體擠出，分成兩塊，再揉成兩顆球狀麵團。把兩顆球放在稍微撒了麵粉的平面上，在麵團上撒點麵粉，再以保鮮膜包起。靜置到麵團球微微膨脹起

來，大約 20 分鐘（如果手邊沒有番茄醬汁，這段時間很適合用來製作）。

4. 烤箱預熱到 260℃。把其中一個麵團球壓成厚度 1.2 公分的扁平圓形，需要的話多加一點麵粉到工作枱和麵團上（只是為了不要太黏，適量就好），另一個麵團也重複同樣的步驟。讓兩塊圓餅靜置幾分鐘。用適量的油塗抹兩個淺烤盤，使油均勻分布，然後把兩個麵團放到兩個淺烤盤上，並將麵團輕輕壓成薄薄的圓形或長方形。

5. 在披薩上抹開番茄醬汁，再撒上乳酪，以及一點鹽和胡椒。將烤盤放入烤箱內，烘焙 8~12 分鐘，直到外殼酥脆、乳酪融化，餅皮也不再黏烤盤。先拿出來放幾分鐘，然後切開。溫溫的吃或者放到常溫再吃都可以。

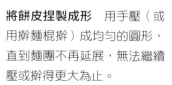

反覆按壓、滾動餅皮並靜置一下，直到麵團變得比你最後希望的厚度稍微薄一點。

**將餅皮捏製成形** 用手壓（或用擀麵棍擀）成均勻的圓形，直到麵團不再延展，無法繼續壓或擀得更大為止。

**鋪平番茄醬汁** 不要塗太厚，否則麵團會變得濕答答。如果有隔夜菜，放上去也不錯。

**放上披薩的配料** 不要在披薩上面放太多乳酪，應該鋪上薄薄一層就好，這樣表面和邊緣才會烤成褐色且酥脆。

### 極簡小訣竅

▶ 自製麵團就應該搭配自製番茄醬汁。而且番茄醬汁做起來非常快，你大可利用麵團發起來的時間順手做一批，而且還會有時間做其他事。如果你需要更簡便的方法，可以用 400 克的切塊番茄罐頭，瀝乾幾分鐘，再與 2 大匙橄欖油輕拌在一起，也可隨喜好加入 ½ 杯切碎的新鮮羅勒葉，然後用這個混合物取代番茄醬汁。

▶ 切披薩時，用主廚刀在同一地方前後滾動，直到聽見餅皮切斷的聲音為止。如果你會做很多披薩，披薩刀（基本上是銳利的滾輪工具）很值得投資，這刀只要拿著用力下壓、滾動就行了。

▶ 假如你經常做披薩，可以考慮購買烤披薩專用的大木鏟和石板。如果你有，則用木鏟（撒上一點玉米粉）把披薩鏟起來，再讓披薩滑到預熱過的石板上（可以把石板一直放在烤箱裡）。

### 變化作法

▶ **1 人份的披薩：**在步驟 3 擠壓出麵團的氣體後，把麵團分成 4~6 塊，每一塊都壓成薄薄的圓形，然後把其他食材平均分配到每一塊薄餅上。

### 延伸學習

# 披薩的各種變化

## 自製披薩「真的」很方便

披薩麵團不太會失敗，所以你可以排定時間，事先按照食譜做好。為了不讓麵團發得太厲害（或者超過標準），可以把麵團放入冰箱冷藏 1 天，或者冷凍保存 3 個月。一定要用保鮮膜或夾鏈帶密封，裡面的空氣越少越好。為了確保成果很好，要先把冷凍麵團從冰箱拿出來退冰，退冰時間依麵團大小而定，大約要花 8~12 小時，不過在冷藏室裡放上 1 天都還是很穩定。

## 與披薩麵團相關的另外兩種東西

佛卡夏麵包　把麵團壓入塗過油的長方形烤盤裡，整個包起來，靜置 30 分鐘。用手指在麵團表面壓幾個小凹洞，然後淋上 2 大匙橄欖油，撒上 1 大匙切碎的新鮮迷迭香，以及 1 大匙粗鹽。以 190℃烘焙 30~40 分鐘，直到烤成金黃色，而且輕壓時很有彈性。

披薩餃　將麵團切成 2 份或 4 份，每一塊都壓成或擀成薄薄的大圓形。取大碗，把 2 杯瑞可達乳酪、1 杯刨碎的莫札瑞拉乳酪、1 杯新鮮現刨的帕瑪乳酪、1 杯煮熟切碎的義大利香腸混合在一起，然後把混合物均勻分配放到各個圓形餅皮上，再把餅皮對半摺起，邊緣用手指壓緊，然後把邊緣向上翻起封住開口。以 170℃烘焙 30~40 分鐘，直到烤成金黃色。

## 10 種披薩配料

　　使用以下材料，單獨一種或混合幾種都可以，放到本書 42 頁介紹的乳酪披薩上。但是小心不要在餅皮上放太多東西，如果配料的量超過 2 杯，披薩就有可能變得濕答答。多加的配料我通常會限制在 2~3 種以內，配料太多種，風味會彼此打架，味道整個糊成一團。別忘了加點鹽和胡椒！

1. 稍微煎過的香腸、培根或其他肉類
2. 切成薄片的義式薩拉米香腸、義式乾醃火腿、西班牙丘利左香腸或其他醃肉
3. 少許的戈根索拉乳酪、其他藍紋乳酪、芳汀那乳酪或其他半軟質乳酪，也可以放刨碎的帕瑪乳酪
4. 小塊的軟質山羊乳酪或瑞可達乳酪
5. 生的大蒜末或烤過的大蒜泥
6. 新鮮辣椒末（像是哈拉貝紐辣椒），或者很辣的紅辣椒末，看你的口味
7. 去核的黑橄欖，特別是油漬黑橄欖
8. 罐頭鯷魚片，附上一點醃漬油
9. 青醬（B3:22）
10. 洗淨擦乾的柔軟綠色葉菜，特別是芝麻菜，從烤箱取出披薩之後再放上去

## 改變披薩麵團的 5 種方法

　　在「乳酪披薩」食譜步驟 1 的一開始，就把以下任一種材料加入乾料裡。

1. 1 茶匙切碎的新鮮香料植物，選風味強烈的，像是迷迭香、百里香或龍蒿
2. 1 大匙切碎的新鮮香料植物，選風味溫和的，像是歐芹、羅勒或蒔蘿
3. 1 茶匙大蒜末（或多加一點）
4. 1½ 杯全麥麵粉（取代其中的 1½ 杯麵粉）
5. ½ 杯的中磨玉米粉（取代其中的 ½ 杯麵粉）

你很難找到哪個人一點也不愛吃甜點。大多數人都或多或少喜歡甜點，而從頭開始做甜點，是滿足這種喜好的絕佳方式。

關於做甜點有個迷思：很多人都說這比烹飪困難多了。如果是很高級的甜點，這說法有幾分真實，但是與家庭烹飪相比？才沒這回事。做甜點時，精確測量確實扮演比較重要的角色，但是大多數甜點只要遵循食譜就可以完成。而且，就像令人愉快的烹飪過程一樣，只要學會幾招基礎技巧和原則，做甜點也有很大的彈性空間，讓你隨喜好修改作法。

在這一章，你會學到做甜點的所有重要基礎技巧，並用這些技巧製作一些經典甜點，像是打發奶油來做餅乾、分離蛋白及蛋黃來做慕斯、製作蛋糕的糖衣、擀麵團做派等等。你很快就會發現，控制精確真的很重要，但其實不難做到。

關於設備只有簡單一句話：這裡的所有食譜只需要雙手就可以做得很成功。但我也不會騙你：如果能準備手持式電動攪拌器和食物調理機，做起來絕對較快。如果你會不時烘焙甜點，投資這些設備很值得。

我敢說，只要試一、兩道食譜，你對於做甜點的恐懼感就會煙消雲散。從此之後，你需要擔心的，就只有學習控制對甜點的狂熱喜好。

甜點 Desserts

# 布朗尼蛋糕

Brownies

時間：30~40 分鐘
分量：9~12 人份

---

簡單到不可思議，也美味到不可思議。

---

- 8 大匙（1 條）奶油，再多準備一些塗抹烤盤
- 90 克不加糖的巧克力，大致切碎
- 1 杯糖
- 2 顆蛋
- ½ 杯中筋麵粉
- 少許鹽
- ½ 茶匙香莢蘭精，非必要

1. 烤箱預熱到 170℃。用奶油塗抹正方形烤盤，或者將 2 張烘焙紙疊在一起，或用鋁箔紙交叉鋪好，表面再塗油。

2. 把奶油條和巧克力放進小型醬汁鍋，火力開非常小，不時攪拌（或放入可微波的大碗內，用中火微波 10 秒，重複微波幾次，每次微波後都攪拌一下），等到巧克力剛好融化，從爐火上移開醬汁鍋（或者從微波爐拿出加熱碗），繼續攪拌到混合物變得滑順。

3. 把混合物移到大碗裡（或者就用剛才微波的大碗），加入糖攪拌均勻，然後把雞蛋打散加進去，一次一顆。再輕輕拌入麵粉、鹽，如果要加香莢蘭精也在這時加入。

4. 把混合物刮下來，倒入準備好的烤盤內，烘焙 20~25 分鐘，直到中央差不多剛好定形。放到架子上冷卻。如果你鋪了烘焙紙，則將烘焙紙拎起來，取出布朗尼蛋糕。如果沒有鋪，則直接在烤盤內切成一塊塊正方形。放入容器，蓋上蓋子，保存於常溫下，最好 1 天內吃完。

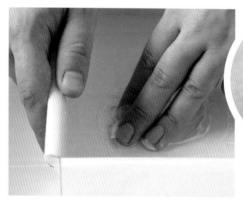

**為烤盤塗油** 無論你是否鋪上烘焙紙，烤盤的底部和側邊都一定要塗油。千萬別省略這一步，否則布朗尼蛋糕會黏住。

持續攪拌融化的奶油和巧克力，直到變得完全滑順、稀薄。

**讓奶油和巧克力一起融化** 由於有這麼多奶油，巧克力不容易燒焦，只要以最小的火力加熱，同時攪拌小鍋子裡的奶油和巧克力即可。

common master press+ 大家出版

名為大家，在藝術人文中，指「大師」的作品
在生活旅遊中，指「眾人」的興趣

我們藉由閱讀而得到解放，拓展對自身心智的了解，檢驗自己對是非的觀念，超越原有的侷限並向上提升，道德觀念也可能受到激發及淬鍊。閱讀能提供現實生活無法遭遇的經歷，更有趣的是，樂在其中。　——《真的不用讀完一本書》

大家出版FB　　|　　http://www.facebook.com/commonmasterpress
大家出版Blog　|　　http://blog.roodo.com/common_master

## 大家出版 讀者回函卡

感謝您支持大家出版！

填妥本張回函卡，除了可成為大家讀友，獲得最新出版資訊，還有機會獲得精美小禮。

購買書名 _____　　　　姓名 _____

性別　□ 男　□ 女　　　　E-MAIL _____

聯絡地址 □□□_____

年齡　□ 15－20歲　□ 21－30歲　□ 31－40歲　□ 41－50歲　□ 51－60歲　□ 60歲以上

職業　□ 生產／製造　　□ 金融／商業　　□ 資訊／科技　　□ 傳播／廣告　　□ 軍警／公職

　　　□ 教育／文化　　□ 餐飲／旅遊　　□ 醫療／保健　　□ 仲介／服務　　□ 自由／家管

　　　□ 設計／文創　　□ 學生　　　　　□ 其他_____

您從何處得知本書訊息？（可複選）

□ 書店　□ 網路　□ 電台　□ 電視　□ 雜誌／報紙　□ 廣告DM　□ 親友推薦　□ 書展

□ 圖書館　□ 其他 _____

您以何種方式購買本書？

□ 實體書店　□ 網路書店　□ 學校團購　□ 大賣場　□ 活動展覽　□ 其他_____

吸引您購買本書的原因是？（可複選）

□ 書名　□ 主題　□ 作者　□ 文案　□ 贈品　□ 裝幀設計　□ 文宣（DM、海報、網頁）

□ 媒體推薦（媒體名稱）_____　　　□ 書店強打（書店名稱）_____

□ 親友力推　□ 其他 _____

本書定價您認為？

□ 恰到好處　□ 合理　□ 尚可接受　□ 可再降低些　□ 太貴了

您喜歡閱讀的類型？（可複選）

□ 文學小說　□ 商業理財　□ 藝術設計　□ 人文史地　□ 社會科學　□ 自然科普

□ 心靈勵志　□ 醫療保健　□ 飲食　　　□ 生活風格　□ 旅遊　　　□ 語言學習

您一年平均購買幾本書？

□ 1－5本　□ 5－10本　□ 11－20本　□ 數不盡幾本

您想對這本書或大家出版說：

## 極簡小訣竅

▶ 如果你將烘焙紙（或鋁箔紙）鋪在烤盤裡，留 2~3 公分的紙在烤盤外。等布朗尼蛋糕放涼之後，只要把烤盤外兩端的烘焙紙拎起來，就可以把蛋糕拿出來了。

▶ 布朗尼若沒烤透不算太糟。烤過頭會變得又乾又硬，沒烤透則是黏黏的，但仍很美味。

## 變化作法

▶ **堅果布朗尼蛋糕**：在步驟 3，用 ¼ 杯磨碎的榛果、杏仁、核桃或美洲山核桃（用食物調理機或果汁機磨碎）取代其中 ¼ 杯麵粉，並把 1 杯稍微烤過、大致切碎的堅果加入麵糊裡。

▶ **可可布朗尼蛋糕**：等布朗尼蛋糕放涼一點，但還有點溫度的時候，把 2 大匙可可粉倒入小濾網裡，在烤盤上搖晃濾網，把可可粉撒到布朗尼蛋糕上。

## 延伸學習

**避免攪拌過度**　麵糊應該要相當滑順且濃稠，稍微有點小粉團其實沒關係。如果攪拌過度，烤出來的布朗尼蛋糕會很硬。

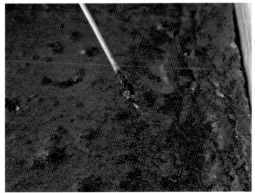

**牙籤測試的缺點**　牙籤上若沒有黏東西，也許表示有些蛋糕烤好了，但用在布朗尼蛋糕上，則代表烤過頭。烤好的信號是這樣的：頂部形成硬殼，但中央的表面底下還有一點點搖晃、尚未成形。

# 巧克力、奶油和糖

## 巧克力

大多數巧克力都標示了可可的百分比（有時稱可可固形物）。由於巧克力的主要成分是可可和糖，這個數值也就能告訴你巧克力有多甜：百分比越高，巧克力越黑，也就越不甜。

這本書大多數的食譜都只說「巧克力」，由你自己切碎或融化。請選擇你喜歡的種類，牛奶巧克力、黑巧克力或白巧克力都可以，這些巧克力也可以彼此替換。

巧克力的大小不需要很精確，只要買一塊巧克力棒，比你需要的大小稍微大一點，然後用巧克力的小方格計算正確的分量（這很棒吧，你幾乎可以確定等一下有多出來的巧克力可以當甜點吃）。

▶ **無糖巧克力** 含 100% 的可可（不含糖），直接吃就太苦了。如果食譜說要用無糖巧克力，就是指這種。

▶ **黑巧克力** 可可含量介於 35~99% 之間，數字越大越不甜（也越脆）。

▶ **牛奶巧克力** 這種巧克力的可可含量低於 35%，比較軟滑。

▶ **白巧克力** 不含可可，成分是含糖的可可脂，這也是可可豆的一種成分。

▶ **可可** 如果把稍微精煉過的巧克力內含的油脂分離出來，剩下來的就是可可，可以乾燥製成粉末。可可的風味很強烈，而且不甜，很適合用在烘焙上。

牛奶巧克力

黑巧克力
（這一種含 70% 的可可）

白巧克力

可可粉

## 奶油

對我來說，奶油只有一種：無鹽奶油。無鹽奶油具有新鮮、滑順的口感，加鹽的奶油絕對沒有這種口感。如果你買得到在地生產的奶油，就更棒了，但超級市場賣的品牌也可以，只是要確定是無鹽的（當然，你永遠可以自己加鹽）。

▶ **估算分量的一些方法** 1 磅（450克，超市最常見的包裝）包含 4 條奶油，每一條奶油是 ½ 杯，也等於 8 大匙，這些數值無論是冰奶油、軟化奶油或融化奶油都一樣。可以用包裝紙上的標記作為估量標準，或用 1 大匙來估算分量。

▶ **一些名詞解釋** 如果食譜只說要用「奶油」，可以是常溫狀態，也可以是從冰箱的冷藏室拿出。軟化奶油一定是常溫狀態。冰奶油或非常冰的奶油則是用來做派皮或酥皮，應該要冰凍得很硬，而且通常會請你切小塊，需要用刀子切（放進食物調理機的奶油幾乎一定是冰奶油）。融化奶油應該是流質，但未經焦化。如果要做成焦化奶油，把奶油放入小鍋子，用小火加熱，或者用中火反覆微波，每次微波 10 秒，而且要緊盯著。你可以在奶油融化前或融化後測量分量（結果是一樣的）。

白砂糖

紅糖

糖粉

冰奶油

軟化奶油

## 糖

這本書的食譜會用到三種糖：

▶ **白砂糖** 除非和其他種類一起出現，否則在食譜裡就只稱為「糖」。這是最常見的食糖，也最適合烘焙，可以確實溶解，並產生單純的甜味。

▶ **紅糖** 有淡色（或金黃色）及深色，可自由選擇。二者都包含糖蜜（深色的含量較高），水分較多，風味也較深厚。要測定分量時，把量杯裡的紅糖壓緊，測起來比較精確。「塞滿的一杯」就是這個意思。

▶ **糖粉** 有時也稱作粉糖，標示為「10×」，用來做奶油霜、糖霜，或直接撒上蛋糕。這混合了粉糖和玉米澱粉，容易溶解，不會結成一粒粒。

# 燕麥巧克力脆片餅乾

Oatmeal Chocolate Chip Cookies

時間：大約 30 分鐘
分量：30~40 片

酥脆，有嚼勁，而且可以吃到一點巧克力，或者不加也可以，全看你的心情。

- 大約 225 克的巧克力
- 8 大匙（1 條）奶油，預先放軟
- ½ 杯白砂糖
- ½ 杯塞滿的紅糖
- 2 顆蛋
- 1½ 杯中筋麵粉
- 2 杯燕麥片（不要即溶燕麥）
- ½ 茶匙肉桂粉
- 少許鹽
- 2 茶匙發粉
- ½ 杯牛奶
- ½ 茶匙香莢蘭精

1. 烤箱預熱到 190°C。把巧克力切小塊：拿主廚刀，用前後搖動的動作，把巧克力塊切成青豆仁大小。應該可以得到 1½ 杯。

2. 把奶油和糖放入大碗內，用電動攪拌器打發，直到顏色變淡且蓬鬆。在平坦堅硬的平面上打破蛋殼，一次加入一顆蛋，攪打到充分混合。

3. 把麵粉、燕麥、肉桂粉、鹽和發粉放入小碗攪拌均勻。輪流把乾料和牛奶加入奶油混合物裡，一次加一點，用電動攪拌器以低速攪打。最後加入巧克力和香莢蘭精攪拌均勻。

4. 一次次舀起一大匙麵團，滴落到未塗油的淺烤盤上，每行相距 7.5 公分左右。烘焙 12~15 分鐘，直到變成淡褐色。在烤盤上放涼約 2 分鐘，再用金屬鍋鏟把餅乾移到架子上，徹底冷卻。餅乾收入密封容器內，放置於常溫環境，最好在 1~2 天內吃完。

加入雞蛋前，應該要先把奶油打發到顏色變淡且蓬鬆。

**使用電動攪拌器** 把材料混合在一起時，永遠都從低速開始打，然後慢慢提升速度。

**輪流放入材料** 一開始先用攪拌器以低速混合一點乾料，接著加入一點牛奶。重複相同步驟，直到所有材料都混合均勻。

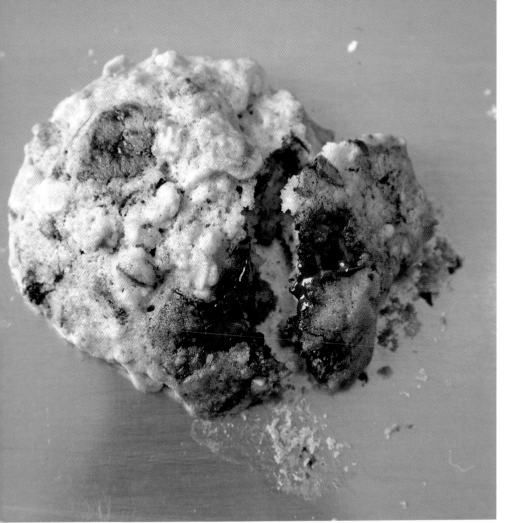

## 極簡小訣竅

▶ 要做這類餅乾，黑巧克力是我的首選，不過你大可選用自己喜歡的巧克力。

▶ 當然可以用手動攪拌奶蛋麵團：一開始用手動打蛋器處理奶油、糖和蛋，然後改用橡皮刮刀加入乾料。不過用電動攪拌器真的快很多，做出來的結果也通常更好。試試看用手持式攪拌器，有好幾種速度可以調整，看看你喜不喜歡。如果你迷上烘焙，可能就會想買桌上型攪拌器。

## 變化作法

▶ **燕麥葡萄乾餅乾**：不加巧克力，改用 1 杯葡萄乾。

▶ **花生醬燕麥餅乾**：用 ¼ 杯花生醬取代其中 4 大匙（½ 條）奶油。這種餅乾可能會比較快烤焦，要緊盯著烘烤進度。

▶ **椰子櫻桃餅乾**：不加肉桂粉，用椰奶取代牛奶，並加入 2 杯不甜的椰子粉取代燕麥，再用 ½ 杯櫻桃果乾取代巧克力。

## 延伸學習

**滴落餅乾** 我用手指把麵糊挖到烤盤上，不過用湯匙也可以。烘焙的時候，這些餅乾會膨脹一點，所以各排之間最好留 7.5 公分左右的空間。

**辨識熟度** 餅乾可以拿出烤箱時，通常是軟軟的。確認熟度最好的方法是看一下底部是否烤成金黃色。

# 奶油餅乾

Butter Cookies

時間：大約 30 分鐘（外加冷卻的時間）
分量：20~30 個左右

---

烘培界的空白畫布，最適合搭配各種調味、裝飾和夾心。

- 16 大匙（2 條）奶油，放到軟化，再多準備一些塗抹烤盤
- 1 杯糖
- 1 顆蛋
- 1 茶匙香莢蘭精
- 3 杯中筋麵粉，再多準備一些撒粉用
- 1 茶匙發粉
- 少許鹽
- 1 大匙牛奶，或需要時再加

1. 用電動攪拌器把 2 條奶油和糖打發，直到顏色變淡且蓬鬆，再加入蛋和香莢蘭精，攪打至完全混合。

2. 將麵粉、發粉和鹽放入中碗內混合均勻，再把這乾料加入奶油混合物，攪打數秒鐘，然後捏捏麵團，看看是否很容易黏合。如果沒有，加一點牛奶，一次加入 1 大匙，攪打一下子，每一次加入之後都捏捏麵團，確認狀況。

3. 把麵團分成兩半。在平坦表面上滾動兩塊麵團，滾成直徑 5 公分的長條狀。用蠟紙、烘焙紙或保鮮膜把麵團包起來，放入冰箱冷藏，至少 2 小時，最多 2 天（或用保鮮膜包緊，冷凍起來可以保存很久）。

4. 烤箱預熱到 200℃。用一點奶油在 1~2 個淺烤盤上塗薄薄一層油。拿主廚刀把長條形餅乾麵團捲橫切成厚度 0.3~0.6 公分的片狀。把這些餅乾放到準備好的烤盤上，彼此間預留大約 2.5 公分的空間。

5. 烘焙 6~10 分鐘，直到邊緣烤成淡褐色，餅乾中央也已定形。在烤盤上冷卻 2 分鐘，然後用鏟子把餅乾移到架子上，徹底冷卻。存放在密封的有蓋容器內，保存在常溫中，最好 1~2 天內吃完。

如果麵團很黏，則在工作枱撒上薄薄一層麵粉。

**將麵團捲捏製成形** 一開始先用雙手把麵團捏成長條狀，然後在工作枱滾成均勻、平滑的麵團捲。

**將麵團切成一片片餅乾** 每一片厚度盡量相同，烘焙起來比較均勻。

**在餅乾之間預留一些空間** 這種餅乾不會膨脹得很厲害，可以放得緊密一點。如果你沒有兩個淺烤盤，分批烘焙的時候先把等待烘焙的麵團放進冰箱裡。

▶ 如果要以糖霜或奶油霜作裝飾（B5:72），餅乾放涼後擺到網架上，讓多餘的糖霜或奶油霜滴下去，才不會沾在餅乾上。

## 變化作法

▶ **用餅乾模切出餅乾：**在步驟3，將兩塊麵團拍打壓扁成圓餅狀。到了步驟4，在工作枱撒上麵粉，再用擀麵棍把兩個圓餅擀成 0.3~0.6 公分厚。用餅乾切模切出喜歡的形狀，然後把切剩的麵團切邊重新揉捏起來再擀平，切出更多餅乾。接下來繼續按照食譜的指示。

▶ **5 種其他口味的奶油餅乾：**

1. 可可餅乾：在步驟 2 的乾料裡加入 ¼ 杯可可粉。

2. 奶油糖餅乾：用 ⅔ 杯塞滿的紅糖取代白砂糖。

3. 海鹽奶油餅乾：剛烤好的餅乾撒上幾粒粗海鹽。

4. 薑餅：加入 2 大匙或更多的切碎薑糖到完成的麵團裡。

5. 果醬夾心餅乾：將 ½ 茶匙的覆盆子或草莓果醬塗抹在 2 片餅乾之間。

## 延伸學習

拿著手動打蛋器（或者用牙籤或烤肉叉），迅速將糖霜淋上餅乾。

**裝飾餅乾**　我不會做太炫的裝飾，不過簡單做一點奶油霜或糖霜還滿好玩的。

# 榛果
# 義式脆餅

Hazelnut Biscotti

時間：1¼ 小時

分量：大約 24 片

---

烘焙兩次，產生驚人的酥脆口感和持久風味，而且很適合泡軟。

---

- 4 大匙（½ 條）奶油，預先放軟，再多準備一些塗抹烤盤
- 2 杯中筋麵粉，再多準備一些撒在烤盤上
- ¾ 杯糖
- 2 顆蛋
- 1 茶匙香莢蘭精
- 1 茶匙發粉
- 1 杯用滾水燙過的榛果，烤過並切碎
- 少許鹽

1. 烤箱預熱到 190℃。用一點奶油塗抹淺烤盤，並撒上一點麵粉。把淺烤盤倒扣在水槽上，輕拍幾下，拍掉多餘的麵粉。

2. 用電動攪拌器把 ½ 條奶油和糖打發，打到顏色變淡且蓬鬆。加入蛋，一次加入一顆，打到完全混合，然後加入香莢蘭精。取中碗，放入麵粉、發粉、榛果和鹽，攪拌均勻，然後加到蛋奶油混合物裡，一次加入一點點，同時攪打到剛好混合。

3. 把麵團分成兩半，兩塊都滾成寬度約 5 公分的條狀，放到準備好的淺烤盤上。烘焙 25~30 分鐘，需要的話在烤箱裡轉動烤盤，以便烘烤得均勻一點，直到烤成金黃色，而且頂部開始龜裂。留在烤盤上冷卻幾分鐘，再移到架子上。把烤箱溫度調降到 120℃。

4. 等條狀麵團冷卻到可以處理，小心移到砧板上，用鋸齒刀斜切，切成厚度 1.2 公分左右的片狀，然後放到烤盤上，切片面朝上，彼此之間靠得很近沒關係。把烤盤放回烤箱內，烘焙 15~20 分鐘，過程中翻面一次，直到完全烤乾成為脆餅。把脆餅放到架子上冷卻。收進密封容器內可以存放好幾天。

**測試麵團狀況** 如果戳一戳或捏捏麵團會出現一些小凹洞，就不要再攪拌。到這階段之後，就沒有理由繼續攪打了。

**將麵團捏製成形** 盡可能讓麵團滾得均勻一點，義式脆餅才能烤得均勻。

## 極簡小訣竅

▶ 榛果有深色的外皮，吃起來有
點苦。完全剝除外皮是一等一的
痛苦，所以盡量購買已經燙熟或
剝好皮的榛果。如果找不到，先
烤一下，然後用毛巾包起來盡可
能搓掉外皮，但不要搓得太用
力。

## 變化作法

▶ 也可以放入脆餅的堅果：花
生、杏仁、開心果、核桃或美洲
山核桃。

▶ 蘸上巧克力的義式脆餅：趁著
義式脆餅冷卻時，把 225 克切
碎的巧克力與 3 大匙奶油放入小
醬汁鍋內，以小火加熱融化。在
鐵架下面放個容器，以接住向下
滴落的巧克力。把融化的巧克力
混合物倒入杯子或玻璃杯，只要
杯口大小能夠放入脆餅即可。等
義式脆餅冷卻到可以處理，就把
脆餅放入巧克力內，只要蘸半塊
就好，然後拿脆餅輕敲杯口，讓
多餘的巧克力滴落，接著放到鐵
架上。餅乾會繼續冷卻，巧克力
也會隨著變硬一點。

## 延伸學習

**烘焙長條麵團** 第一次烤的時
候，不要把麵團的顏色烤得太
深，只要烤到麵團夠乾且定形
即可。

**切出義式脆餅** 用鋸齒刀
斜切麵團，這樣會得到長
長的漂亮脆餅（而且容易
蘸取醬汁）。

這些切片的厚度
大約 1.2 公分。

# 準備水果

　　水果的種類雖然那麼多，準備工作倒是大同小異。首先切掉不能吃（或不想吃）的部分，再把剩餘的部分切成約略等大（非必要）的塊狀或片狀。

## 修整

有些水果只需要拔除果蒂。

要確定讓圓形的水果穩穩放在砧板上，而且切下之前先把刀子穩穩刺進去一點。

至於比較堅硬的水果（像是鳳梨），就必須把頂部和底部切掉。

## 去除果核

去除小型果核最簡單的方法，就是在核心周圍切出圓錐形。

至於中型水果的果核，包括蘋果和梨子，請見本書 82 頁。

至於較大的水果，比較簡單的方法是先切除外皮並切開，然後切成小塊，再分別切掉果核。

## 削皮

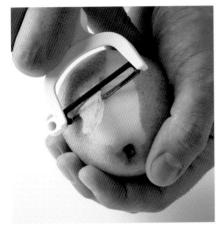

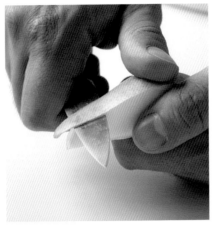

皮較薄的水果，包括蘋果、梨子和芒果，可以用刮皮刀，朝自己或朝外刮皆可，稱手就好。

另一種方法是先將水果修切、去核，切成四等分，然後用一隻手握住其中一塊，另一隻手拿削皮小刀朝向自己削掉外皮。

鳳梨要穩穩放在砧板上，沿著水果的輪廓從外皮和果肉之間向下切。這個技巧同樣適用於柑橘和甜瓜類。

## 去籽

如果果核很小，像櫻桃或橄欖，最簡單的方法是壓破果實（如果你希望保持水果完整，就要用削皮小刀把果核挖出來）。

果核大一點的水果，沿著水平方向的中間部位切一圈，然後扭動兩側果肉，以露出果核。如果兩側不太容易分開，則先將果肉切成一片片，再把切片拉出來。

去除甜瓜類種籽的方法就像黃瓜或南瓜，用湯匙挖掉（唯一的例外是西瓜，得用叉子一顆顆挑掉）。

去除柑橘類種籽的唯一方法是挖掉（而且就算這樣也沒辦法去除全部，所以不要為此抓狂）。

# 桃子脆片
## (或其他水果)

Peach (or Other Fruit) Crisp

時間：大約 1 小時
分量：6~8 人份

---

這會成為你的拿手甜點，而且可以做出各種變化。

- 5 大匙冰奶油，再多準備一些塗抹烤盤
- 6 杯去核、切片的桃子（900~1350 克）
- ½ 顆檸檬汁
- ⅔ 杯塞滿的紅糖
- ½ 杯燕麥片（不要即溶燕麥）
- ½ 杯中筋麵粉
- 少許鹽
- ¼ 杯切碎的堅果，非必要
- 1 杯香莢蘭冰淇淋或打發的鮮奶油，非必要

1. 烤箱預熱到 200℃。將 5 大匙奶油切成 0.6 公分左右的小塊，放入冰箱冷藏或冷凍。取正方形的烘焙烤盤，塗上薄薄一層奶油。將桃子、檸檬汁和 1 大匙紅糖放入大碗內輕拌均勻，然後鋪到烤盤上。

2. 把冰凍好的奶油、剩餘的紅糖、燕麥、麵粉、鹽混合在一起，如果你要加堅果也在此時放進去，用食物調理機間歇攪打幾次，然後再多打幾秒鐘，直到所有材料混合均勻，但沒有研磨得太細（如果是用手攪拌，則用手指尖把材料捏在一起）。

3. 把配料鋪在桃子上，烘焙 30~40 分鐘，直到配料烤成褐色，桃子也很軟嫩且冒泡。可以趁熱吃、溫溫地吃，或者放到常溫吃。喜歡的話可以搭配冰淇淋。

不要攪拌過度，否則配料會變得又乾又硬。

**製作酥脆配料**　如果不想把燕麥打碎，就用間歇攪打混合奶油、糖和麵粉，之後用手繼續攪拌混合。

**用手製作配料**　用手指尖把材料捏在一起，直到混合得相當均勻，但還保有鬆脆度。

## 極簡小訣竅

▶ 混合配料時，無論你是用食物調理機或用雙手，關鍵都是把所有材料混合在一起，但不攪拌過度，否則麵糊會太黏且溫溫的。

▶ 你當然可以光吃脆片，但我的看法是，這非常適合搭配一球香莢蘭冰淇淋，或擠上一團打發的鮮奶油。

## 變化作法

▶ **其他水果脆片：**蘋果、梨子、李子、櫻桃和各式莓果全都可以做出很棒的水果脆片。無論你選哪一種水果，剛開始都準備 6 杯的量，視需要切成片狀。如果你是用莓果（水分會比較多），先和 2 大匙麵粉或玉米粉輕拌混合，同時加入檸檬汁。脆片烘焙時，以上步驟會讓汁液比較濃稠。

▶ **1 人份的水果脆片：**將水果分放到 1 人份的耐烤布丁杯或小烤皿裡（分量差不多是 180~240 克），在每個容器上撒好配料。

## 延伸學習

**鋪蓋到水果上** 把配料鋪排到水果上，稍微捏成一團團，並隨處留下一些小洞。最好不要塞滿整個表面。

**判斷熟度** 水果應該要烤到開始冒泡，配料也變成褐色。冷卻幾分鐘再吃。

# 藍莓酥頂派

Blueberry Cobbler

時間：大約 1 小時

分量：6~8 人份

---

比一般的派簡單許多，而且一樣好吃
（甚至更好吃）

---

- 8 大匙（1 條）冰奶油，再多準備一
  些塗抹烤盤
- 大約 6 杯藍莓，洗淨並徹底瀝乾
- 1 杯糖
- ½ 杯中筋麵粉
- ½ 茶匙發粉
- 少許鹽
- 1 顆蛋
- ½ 茶匙香莢蘭精

1. 烤箱預熱到 190℃。在正方型烘焙烤盤上塗薄薄一層奶油。把藍莓與 ½ 杯糖放入中型碗內輕輕拌勻，放入準備好的烤盤裡。

2. 把奶油條切成 0.6 公分左右的小塊。將麵粉、發粉、鹽和剩餘的 ½ 杯糖放入食物調理機，間歇攪打一、兩次。再加入奶油，攪打至混合物剛好混合在一起（應該還可以看到奶油塊），只要打幾秒鐘就好。接下來加入蛋和香料植物精，用手拿叉子攪拌（這個步驟也可以在食物調理機裡進行，但要先移開刀片，或先把混合物倒進碗裡，看你方便）。

3. 一次舀出一大匙混合物，放到藍莓上，直到所有混合物都放上去（盡可能把一團團麵糊放置得平均一點，但不要抹平）。烘焙 35~45 分鐘，直到配料剛要開始變成褐色，藍莓也變軟且冒泡。趁熱吃、溫溫的吃或放到常溫再吃都可以。

採取這種兩階段的步驟，可以讓麵糊不至於攪拌過度，免得變得太硬。

**把藍莓放到烤盤裡** 把藍莓輕輕壓成平均的一層，預留足夠的空間放置配料。

**先用機器混合材料，最後用手攪拌** 等到其他材料都混合得差不多，再加入蛋和香莢蘭精攪拌均勻，麵糊看起來會很像濕濕的餅乾麵團。

**留下空間** 麵團烘烤時會稍微漲大，所以一定要露出一些藍莓。

## 極簡小訣竅

▶ 放在上面的配料不要攪拌過頭，否則會很像麵包的硬殼，而不是像餅乾一樣的香甜派皮。

▶ 溫溫的酥頂派配上冰淇淋或打發的鮮奶油，很難有什麼東西比這個更美味。

## 變化作法

▶ **蘋果酥頂派**：用去核的 900 克蘋果片取代藍莓（我不會花力氣幫蘋果削皮）。

▶ **桃子酥頂派**：用去核的 900 克桃子片取代藍莓（想要的話可以削皮）。

▶ **櫻桃酥頂派**：用 6 杯去核的甜櫻桃取代藍莓。

▶ **杏子酥頂派**：用去核的 900 克杏子片取代藍莓。

## 延伸學習

# 爐煮布丁

Stovetop Pudding

時間：大約 20 分鐘（外加冷藏的時間）
分量：4~6 人份

---

不會比即溶布丁困難多少，但風味絕對比較好。

· 2½ 杯半乳鮮奶油
· ⅔ 杯糖
· 少許鹽
· 3 大匙玉米澱粉
· 2 大匙奶油，預先放軟
· 1 茶匙香莢蘭精

1. 把 2 杯的半乳鮮奶油、糖和鹽放入小醬汁鍋，攪拌均勻。以中小火加熱，煮到混合物開始冒出蒸汽，約 2~3 分鐘。

2. 將玉米澱粉和剩餘的 ½ 杯半乳鮮奶油放入碗裡，攪打成泥狀，應該要攪打到沒有粉團為止。把玉米澱粉混合物放入醬汁鍋。如果沒有什麼明顯變化，就把火轉大一點點，不時攪拌，煮到混合物變得濃稠，而且差不多要開始沸騰，約需 3~5 分鐘。之後轉成文火，繼續加熱，持續攪拌，直到變得非常濃稠，而且開始黏鍋底，這要再煮 3~5 分鐘。加入奶油和香莢蘭精攪拌。

3. 把混合物倒入夠大的碗裡，或者倒入 4~6 個小烤皿或玻璃杯。把保鮮膜直接鋪在布丁表面，以免表面產生「薄膜」，或者如果你喜歡布丁薄膜，也可以不鋪保鮮膜。把布丁放入冰箱冷藏至少 1 小時，然後在 1 天內吃完。

如果含有任何粉團，布丁都會不太滑順。

如果要做巧克力布丁，則在加入奶油和香莢蘭精時加入切碎的巧克力。

**製作泥狀物**　使勁攪打玉米澱粉和半乳鮮奶油，直到完全滑順，然後加到鮮奶油混合物裡。

**煮布丁**　混合物一旦沸騰，就把火力盡可能轉到最小，讓布丁噗噗冒泡，但鍋底不至於燒焦。

**做出正確的濃稠度**　等到混合物有厚厚一層黏在湯匙上，而且看起來很像布丁，就可以從爐火上移開了。

## 極簡小訣竅

▌ 玉米澱粉和半乳鮮奶油的混合物稱為「芡水」（指烹煮前後類似這樣的濕潤混合物）。加到溫溫的液體裡攪拌之後，布丁會開始變得濃稠。放入醬汁鍋之前，一定要確定芡水徹底滑順（其實很簡單，這就是玉米澱粉的優點），否則布丁也會含有不均勻的團塊。

## 變化作法

▌ **比較清爽的布丁**：用牛奶取代半乳鮮奶油，而且不加奶油。

▌ **巧克力布丁**：在步驟 2，將 120 克切碎的苦中帶甜巧克力加到濃稠的布丁裡。放入冰箱前一定要確定所有巧克力都融化了。

▌ **奶油糖布丁**：用塞滿的紅糖取代白砂糖。

## 延伸學習

要記得，有些人覺得薄膜是最美味的部分。

**避免產生薄膜（不這樣做也可以）** 將保鮮膜直接貼到布丁表面，這樣可避免混合物冷卻時表面產生薄膜。

# 烤米布丁

*Rice Pudding in the Oven*

時間：大約 2 小時（多數時間無需看顧）
分量：至少 4 人份

---

「撫慰人心的食物」一詞已經用過頭，
但在這裡不算──沒有任何食物比這
更撫慰人心。

---

- ⅓ 杯任何一種白米
- ½ 杯糖
- 少許鹽
- 4 杯牛奶

1. 烤箱預熱到 150℃。取一個至少有
   6 杯容量的大型焗烤盤，把米、糖、
   鹽和牛奶放進去混合，攪拌幾次之
   後放入烤箱，不要蓋上蓋子。烘焙
   30 分鐘，然後攪拌一下。接著再
   多烤 30 分鐘，然後再次攪拌。到
   了這時候，米粒可能會膨脹，牛奶
   也應該開始產生泡沫狀的薄膜（如
   果有，就攪入混合物裡面）。

2. 繼續烤到米粒脹大，開始變成混合
   物中比較顯著的部分，薄膜也變
   得比較明顯且顏色變深，差不多

是再烤 30 分鐘左右。這時，布丁
已經接近完成，所以每 10 分鐘察
看一次，同時攪拌一下（應該會在
10~30 分鐘之間到達正確的質地，
視你使用哪一種米而定）。

3. 布丁會在你認為已經烤好之前就熟
   了。米粒應該會脹得很大，牛奶
   也變得相當濃稠，不過還算是可以
   流動（等到冷卻之後會變得更濃
   稠）。可以溫溫的吃，放到常溫再
   吃，或冰過之後再吃。

攪拌可以幫助米粒釋出
澱粉，讓牛奶變得濃稠。

**把所有材料混合起來** 準備放
進烤箱時，你一定會想，這根
本不可能變成布丁吧！

**每隔 30 分鐘攪拌一次** 在烤
箱裡烤 1 小時之後，布丁看起
來會是這樣，還相當稀，不過
開始變得濃稠，表面顏色也變
深了點。

**形成一層薄膜** 牛奶表面會出
現淡褐色薄膜，飽含風味，也
會讓布丁變得濃稠。只要把薄
膜攪入混合物裡面即可。

## 極簡小訣竅

▶ 這份食譜一定要用白米，不過有幾種選擇：長粒香米（像是印度香米或泰國香米）會產生最細緻的口感和香氣，短粒或中粒的白米（例如阿勃瑞歐米）比較濃稠而有嚼勁。超級市場賣的長粒米則介於兩者之間。

## 變化作法

▶ **5 種改變風味的方法：**

1. 用椰奶、豆漿、米漿或堅果奶取代牛奶
2. 一開始烤的時候，加入一、兩塊完整的辛香料（像是肉桂棒、丁香或肉豆蔻）
3. 一開始烤的時候，加入 1 茶匙碎柑橘皮，攪拌混合
4. 烤好之後加入 1 茶匙香莢蘭精
5. 要吃之前，加入最多 ½ 杯切碎的堅果（先烘烤過）

## 延伸學習

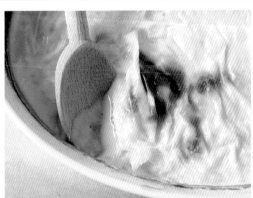

**很接近完成** 幾乎快烤好了。濃稠了許多，但還是有點稀薄。

**辨識熟度** 布丁烤好時，用湯匙舀起會是柔軟的塊狀從湯匙上滑落。冷卻後會變得更濃稠。

# 巧克力慕斯

Chocolate Mousse

時間：30 分鐘（外加冷藏的時間）
分量：6 人份

---

只要學會幾招基本技巧，就能做出這道超美味的經典甜點。

---

· 2 大匙奶油
· 120 克巧克力，切碎
· 3 顆蛋，蛋黃和蛋白分開
· ½ 茶匙香莢蘭精
· ¼ 杯糖
· ½ 杯鮮奶油

1. 取小型或中型醬汁鍋裝入半鍋水，開大火。找一個剛好可以架在醬汁鍋上的碗，而且碗底恰好碰到水面（或很接近水面）。水一煮滾就把火轉小，使水微微沸騰。奶油和巧克力放入碗裡，然後把碗架到鍋子上，設置成很像雙層蒸鍋的樣子。

2. 加熱一下，不時攪拌，直到巧克力差不多完全融化。從爐火上移開碗，繼續攪拌混合物，直到完全滑順為止。讓碗冷卻一下，直到可以用手拿著碗，然後加入蛋黃和香莢蘭精攪打均勻。

3. 把蛋白和 2 大匙糖放入中型攪拌碗，用電動攪拌器打到硬性發泡，約莫 30~45 秒。清洗攪拌器。把鮮奶油和剩餘的 2 大匙糖放入另一個小型攪拌碗，再以電動攪拌器打到鮮奶油軟性發泡，約需 20~30 秒。

4. 舀起幾湯匙蛋白，攪拌加入巧克力混合物，然後用橡皮刮刀把剩餘的蛋白全部輕輕包進去。再把鮮奶油包進去，只要幾乎看不出白色條紋就好，然後放入冰箱冷藏到涼透。請在 1 天之內吃完，吃的時候把慕斯放到碗裡，或裝入 1 人份的杯子裡。

你也可以用手分離蛋白和蛋黃，也就是把蛋放在手掌裡，手指頭稍微分開，讓蛋白全部流下去。

如果單純只要融化巧克力，這也是最好的方法。

**把蛋黃、蛋白分開** 打破蛋殼後，讓蛋黃先留在一半的蛋殼裡，然後倒進另一半蛋殼，就這樣來回幾次，讓蛋白完全流到碗裡。最後把蛋黃放到另一個碗裡。

**運用雙層蒸鍋法** 這樣的設置可以讓巧克力（以及奶油和其他細緻的食材）加熱時不至於燒焦。碗非常燙，小心不要燙到。

**打發蛋白** 這就是硬性發泡，堅挺且微微發亮，但不至於乾乾的。尖端會彎曲其實沒關係，但如果繼續打就會散開且凝結。

## 極簡小訣竅

▶ 融化巧克力很簡單，但是要在一旁緊盯（巧克力很容易燒焦，特別是只融化巧克力的時候），所以要注意火力，又要有耐心，且持續攪拌。

▶ 如果兩種材料的密度很相近，切拌法就是最好的混合方法。先加一些打發的蛋白到巧克力混合物裡，這可讓巧克力變得稍微稀薄，接下來也比較容易混合。不過切拌其餘蛋白的時候還是要有點耐心。用橡皮刮刀把碗底的材料挖起，將蛋白包住，動作很像翻閱書頁。盡量不要為了求快而用切的動作或攪拌，最後才能得到超級鬆軟的慕斯。

## 變化作法

▶ **摩卡慕斯**：在步驟 1，加入 2 大匙風味非常強烈的咖啡（義式濃縮咖啡最好）到巧克力混合物裡，並把步驟 3 的鮮奶油減少成 6 大匙。或者在步驟 1 加入 2 茶匙的即溶義式濃縮咖啡粉到巧克力混合物裡，然後鮮奶油維持原本的用量。

▶ **白巧克力慕斯**：改用白巧克力即可。

**先把一些蛋白攪入巧克力** 先做這個步驟，等一下比較容易把剩餘蛋白和鮮奶油包進去，原理是先讓巧克力變得稍微稀薄一點。

**把打發的鮮奶油包進去** 一直輕輕抬起刮刀再轉圈，直到所有材料都變成相同的顏色，不再看到白色條紋為止。

# 覆盆子雪酪

Raspberry Sorbet

時間：10 分鐘（外加非必要的冷凍時間）

分量：4~6 人份

---

沒有冰淇淋機？絕對沒問題！

---

· 450 克冷凍的覆盆子

· ½ 杯優格

· ¼ 杯糖

1. 把覆盆子、優格、糖和 2 大匙水放入食物調理機，攪打一下，如果需要把黏在碗邊的東西刮下來就暫停，直到把覆盆子打碎，混合物也剛好變成果泥。如果覆盆子還沒打碎，再多加 1~2 大匙水，但不要加太多，也不要攪打過度，否則混合物會變稀薄。

2. 立刻就可以吃，或把果泥移到容器內，冷凍一下再吃（如果你決定先冷凍，要吃之前先移到冷藏室大約 1 小時左右，讓果泥變得軟一點。如果趕時間，則在室溫中放置大約 10~15 分鐘）。

可以自己做冷凍水果，或買冷凍水果。

如果雪酪凍得太硬，放冷藏可以稍微軟化。

**把水果打成果泥** 雪酪含有一點纖維沒關係，但你不會希望吃到大塊的冷凍覆盆子。

**讓質地變得更好** 你會希望混合物相當滑順、濃郁、冰涼。加入適量的水可以讓機器攪打順暢。

**冰凍一下再吃** 如果這樣的濃稠度對你來說還不夠，不妨把混合物移到容器內，或放入夾鍊袋，冷凍 30 分鐘再吃（或者也可以冷凍好幾個星期）。

## 極簡小訣竅

▶ 食物調理機用在這裡非常棒，關鍵在於攪打得恰到好處，剛好把冰凍水果打碎，但又不至於攪打過度而開始出水。你會希望最後的成果有足夠的冰凍度，可以用湯匙舀起來吃，而不是用吸管可以吸起來的狀態。

▶ 優格讓雪酪更濃滑，這很好，但不是非加不可。你也可以用水或果汁取代優格。或者，如果希望質地更濃滑，就加入鮮奶油吧。

## 變化作法

▶ **芒果椰奶雪酪**：用冷凍芒果取代覆盆子，並用椰奶取代優格。

▶ **櫻桃巧克力雪酪**：用冷凍的去核櫻桃取代覆盆子。在步驟 1，把 120 克切碎的巧克力與其他食材一起放入食物調理機。

▶ **覆盆子冰沙**：基本上是把富含風味的冰塊刮鬆。在步驟 2，把混合物從食物調理機倒入正方形的烘焙烤盤裡，放進冷凍庫。在冰凍過程中，每隔 30 分鐘用叉子攪拌一下，並把雪酪刮鬆成小冰晶。等所有小冰晶完全凍住就完成了（有點像剉冰），大約需要 2 小時。要吃的時候把冰沙刮到碗裡或杯子裡。

## 延伸學習

# 蛋糕上的霜飾

## 香莢蘭奶油霜

**把奶油攪打成乳狀** 把 8 大匙（1 條）的軟化奶油放入大碗內（一定要夠軟才能展開）。用電動攪拌器攪打，直到奶油的顏色變淡，而且變成乳狀。

材料要慢慢加入，奶油才會蓬鬆。

**加一點糖** 測量 4 杯糖粉和 ½ 杯鮮奶油或牛奶。一開始先加入 2 杯糖粉攪打。

**糖粉和鮮奶油輪流加入** 攪打糖粉後，再加入 2 大匙鮮奶油和另外 ½ 杯糖粉。重複同樣過程，直到加入所有糖粉和鮮奶油。加入最末一批後，再加入 2 茶匙香莢蘭精和少許鹽攪打均勻。

如果要製作巧克力奶油霜，則把香莢蘭精減為 1 茶匙。調整濃稠度之前，先加入 60 克已融化（但已放涼）的無甜巧克力（參見本書 50 和 57 頁）。

**調整濃稠度** 如果奶油霜太濃稠而無法鋪開，就多加一點鮮奶油，一次加入 1 茶匙。假如太稀（不太會發生但還是有可能），則放入冰箱冷藏，奶油變硬後，奶油霜會變得濃稠一點。

## 香莢蘭糖霜

**綜合材料和測量** 這份食譜大約可做出 3 杯糖霜，夠用於任何蛋糕或一批餅乾。把 3 杯糖粉放入大碗，同時放入 ¾ 杯鮮奶油（或牛奶）、½ 茶匙香莢蘭精和少許鹽。用手動打蛋器或電動攪拌器攪打。

**持續攪打** 糖霜應該要很滑順，而且可稍微流動，濃稠度大約像非常濃的楓糖漿。如果沒有達到這種程度，多加一點液體稀釋（或者加糖變得更濃稠），一次加入 1 茶匙。

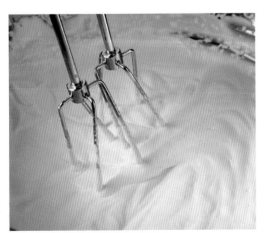

**用手打或用機器打** 把 1 杯鮮奶油放入乾淨的金屬碗或玻璃碗，然後用手動打蛋器或電動攪拌器攪打，直到產生你喜歡的濃稠度。幾乎會像醬汁一樣。

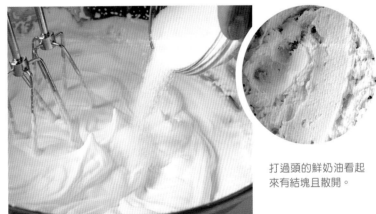

打過頭的鮮奶油看起來有結塊且散開。

**加糖（不加也可以）** 打到鮮奶油開始要成形時，可以加入 ¼ 杯糖，慢慢加入，一邊加一邊攪打。上圖的鮮奶油已經打到軟性發泡（把攪拌器舉起來，鮮奶油會倒下去）。不要繼續打成硬性發泡。

# 磅蛋糕

Pound Cake

時間：大約 1½ 小時
分量：至少 8 人份

---

這種蛋糕深受歡迎的理由非常充分：
簡單、美味、百搭，而且容易保存。

- 16 大匙（2 條）奶油，預先放軟，再多準備一些塗抹烤盤
- 2 杯中筋麵粉
- 1½ 茶匙發粉
- 少許鹽
- 1 杯糖
- 5 顆蛋
- 2 茶匙香萊蘭精

1. 烤箱預熱到 160°C。方型麵包烤模塗上奶油。把麵粉、發粉和鹽放入中碗混合均勻。

2. 奶油放入大碗，用電動攪拌器攪打到滑順。加入 ¾ 杯糖，攪打到充分混合，再加入剩餘的糖，攪打到混合物顏色變淡且蓬鬆。加入雞蛋攪打，一次加入一顆。最後加入香萊蘭精，攪打到混合均勻。

3. 加入乾料後用手攪拌，只要攪拌到混合物變得滑順即可，不要攪拌過度，也不要用電動攪拌器。

4. 把麵糊移到方形麵包烤模內，把頂部抹得平滑。烘焙 1~1¼ 小時，直到把牙籤插入正中央再拉出來不會沾黏。蛋糕留在烤模裡靜置 5~10 分鐘，再用毛巾包住，倒扣在鐵架上。拿走烤模，把蛋糕翻過來正放，冷卻一點之後再切片。可以溫溫的吃，或者回復到常溫再吃，以烘焙用的蠟紙包起來可以存放數天。

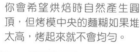

你會希望烘焙時自然產生圓頂，但烤模中央的麵糊如果堆太高，烤起來就不會均勻。

**把麵糊放進烤模裡** 用橡皮刮刀把碗裡的混合物盡可能全部刮出，然後用奶油抹刀把表面抹平。

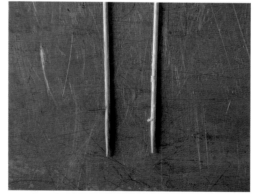

**用牙籤測試** 這個方法適用於蛋糕，就是把牙籤插入正中央，如果拉出來很乾淨無沾黏，就表示烤好了。

**翻面把蛋糕倒出來** 讓蛋糕頂部碰到布巾，滑出來時才不會掉下來。接著用布巾把蛋糕扶正，放到鐵架上冷卻。

## 極簡小訣竅

▶ 蛋糕還是有可能無法立刻脫離烤模，雖然很少見（只有烤模沒有上不沾塗層才會如此）。如果發生這種情形，可以從底部重重敲幾下，或拿奶油抹刀沿著烤模四邊小心滑過。或者在步驟 1 把油塗上烤模後，再鋪一層烘焙紙，如此要拿出蛋糕時，只要把烤模邊露出的烘焙紙拎起來即可。

## 變化作法

▶ **檸檬罌粟籽磅蛋糕：**不加香莢蘭精。在步驟 2 最後打入雞蛋之後，加入 1 大匙新鮮檸檬汁、1 茶匙檸檬皮刨絲和 ¼ 杯罌粟籽攪打均勻。

## 延伸學習

# 椰子夾心蛋糕

Coconut Layer Cake

時間：大約 1 小時（外加冷卻的時間）
分量：至少 10 人份

---

邁向更高境界的經典黃蛋糕

---

- 10 大匙（1¼ 條）奶油，預先放軟，再多準備一些塗上烤模和烘焙紙
- 2 杯中筋麵粉，再多準備一些撒在烤模裡
- 1¼ 杯糖
- 4 顆蛋
- 1 茶匙香莢蘭精
- 2½ 茶匙發粉
- 3 杯不甜的椰子粉
- ¼ 茶匙鹽
- ¾ 杯牛奶
- 1 份香莢蘭奶油霜（B5:72）

1. 烤箱預熱到 180℃。取 2 個直徑 22.5 公分（9 英寸）的圓形蛋糕烤模，底部和測邊都塗油，然後把圓形的蠟紙或烘焙紙鋪在底部，並在紙上塗油，麵粉過篩撒在烤模裡。搖動烤模讓麵粉分布均勻，然後把烤模倒扣，在流理枱上方輕輕拍掉多餘的麵粉。

2. 用電動攪拌器攪打 1¼ 條奶油，打到滑順為止，然後慢慢加入糖，繼續攪打到顏色變淡且蓬鬆，約需 3~4 分鐘。加入蛋繼續攪打，一次加入一顆，然後加入香莢蘭精。另外把麵粉、發粉、½ 杯椰子粉和鹽混合在一起，加到蛋混合物裡，用手動攪打，一次加入一點點，並交替加入牛奶。每次加入材料都繼續攪打，直到變得滑順為止。

3. 把麵糊倒入烤模內，頂部抹平。烘焙 20~25 分鐘，直到把牙籤插入蛋糕中央再拉出來不沾黏為止。蛋糕在烤模內冷卻 5 分鐘，然後倒扣烤模，讓蛋糕滑出來，放到鐵架上繼續冷卻。

4. 直接在大盤子上為蛋糕填上夾心，再疊上一層蛋糕，頂部塗上奶油霜：差不多用三分之一的奶油霜和 ½ 杯椰子粉當中間夾心，三分之一的奶油霜放在頂部，然後另外三分之一的奶油霜塗抹在蛋糕側邊。把剩餘的椰子粉壓入整個蛋糕的奶油霜裡。在常溫狀態下品嘗或保存，用一大張鋁箔紙包起來可以放 1~2 天。

**把麵粉撒到烤模裡** 烤模塗油後再撒上薄薄一層麵粉，可以確保蛋糕烤好後不會黏在烤模上。

**把麵糊裝入烤模** 不需要抹得完全平滑，但平滑一點可以讓蛋糕烤得比較均勻。

**在兩層蛋糕之間抹上奶油霜** 底層的蛋糕倒扣在盤子上，平坦面朝上。把奶油霜塗抹在整個表面，邊緣也要塗，然後撒上椰子粉。

▶ 為蛋糕抹上奶油霜的理想工具是一種打彎的鏟子（off set spatula）或直鏟（長窄形的平鏟）。如果這兩種你都沒有，只要用奶油抹刀或橡皮刮刀就可以。假如你不打算用椰子粉裝飾蛋糕，抹奶油霜時手稍微擺動一下，在蛋糕表面製造一些小突起或漩渦圖案作為裝飾。

▶ 這份食譜也可以用 22.5×33 公分（9×13 英寸）的烤模，最後做出來的是方形小蛋糕，可以在上面塗抹厚厚一層奶油霜和椰子粉。

▶ 如果你希望整體看起來乾淨一點，可以把塗好奶油霜的蛋糕移到乾淨盤子裡，方法是用兩把鏟子彼此以 90 度交叉托起蛋糕，有時候值得冒險這樣做。或者也可以只是用乾淨的濕布巾把蛋糕盤的邊緣擦乾淨。

## 變化作法

▶ 生日蛋糕：不加椰子粉，同樣烤蛋糕和製作奶油霜。把 ¾ 杯奶油霜用幾滴食用色素染色，再放進小夾鍊袋，其餘奶油霜則抹到蛋糕上。在夾鍊袋的一角切開一道小口，把染色的奶油霜擠出來，在蛋糕上寫字。

## 延伸學習

**為蛋糕的頂部和側邊抹上奶油霜** 另一層蛋糕朝上，在頂部均勻抹上一層奶油霜，小心刀子別戳到蛋糕。以同樣的方法塗抹蛋糕側邊。

**加上椰子粉** 在手上放一些椰子粉，壓在糖霜上，直到椰子粉黏住為止。把掉在盤子上的椰子粉撥下來，繼續壓上去，把整個蛋糕都壓上椰子粉。

# 南瓜派

Pumpkin Pie

時間：大約 1 小時

分量：一個 22.5 公分（9 英寸）的派
（8 人份）

---

絲滑的內餡搭配酥脆的全麥餅乾派皮。超簡單！

- ½ 杯加 3 大匙白砂糖
- 180 克全麥餅乾，壓碎，或者多準備一些備用
- 5 大匙奶油，使之融化，或者多準備一些備用
- 2 顆蛋
- ½ 茶匙肉桂粉
- ¼ 茶匙薑粉
- ⅛ 茶匙新鮮現磨的肉豆蔻粉
- ⅛ 茶匙丁香粉
- 少許鹽
- 1½ 杯罐頭南瓜濃湯
- 1¼ 杯半乳鮮奶油，或用牛奶

1. 先製作派皮，烤箱預熱到 180℃。把糖和全麥餅乾碎片放入食物調理機的攪拌碗裡，攪打到很細碎，最後應該會得到大約 1½ 杯，如果不是，就加減一些材料，調整成這樣的分量。慢慢加入奶油，間歇攪打幾次，直到整體因為奶油而變得濕潤（如果餅乾碎片沒有變得完全濕潤，就多加一點融化奶油）。把餅乾碎片均勻鋪在派盤的底部和側邊。

2. 派皮烘焙 8~10 分鐘，只要烤到開始變成褐色即可。把派盤放在架子上，冷卻之後派皮會很酥脆。把烤箱溫度調高到 190℃。

3. 趁著烤派皮時，用電動攪拌器或手動打蛋器攪打蛋和糖，然後加入肉桂粉、薑粉、肉豆蔻粉、丁香粉和鹽。加入南瓜濃湯，攪打均勻，最後加入半乳鮮奶油。

4. 把裝有派皮的派盤放到帶邊淺烤盤上。將南瓜混合物倒入派皮裡，倒滿（可能還有剩）。把整個淺烤盤放進烤箱（以免混合物流出來），烘焙 30~40 分鐘，直到混合物搖晃時像果凍，不過中央還有點濕。放到架子上冷卻，直到餡料不再晃動，然後切成楔形端上桌，若放冰箱可以冷藏 1~2 天。

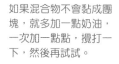

如果混合物不會黏成團塊，就多加一點奶油，一次加一點點，攪打一下，然後再試試。

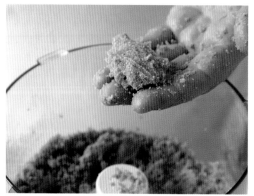

**讓餅乾碎片變得濕潤** 拿起一團餅乾屑捏一捏，應該會黏合成塊狀，但又不會太黏。

**預先烘焙派皮** 也稱為「盲烤」，意思是還沒放入餡料。不要烤到顏色變得太深。

## 極簡小訣竅

▶ 用全麥餅乾做派皮時，大多數的派必須要預烤派皮。由於內餡很濕（而派皮又有很多孔洞），如果不預先烤一下，最後會變得濕答答。這樣也能好好利用時間，趁著預烤派皮時把餡料混合起來，放到爐子上加熱保溫。

▶ 南瓜濃湯罐頭應該可以在超市買到。如果有得選，一定要買不甜、沒有加辛香料的罐頭（因為你會自己調味）。

## 變化作法

▶ **冰淇淋派：**一下子就能做好的甜點。不需要準備南瓜餡。做好派皮後，從冷凍庫拿出 1.9 公升裝的冰淇淋（冷凍優格或雪酪也可以），等冰淇淋軟化。等派皮完全冷卻，把冰淇淋鋪在派皮裡面。裝到半滿的時候，撒上一些堅果，淋一點巧克力醬，喜歡的話也可以放一些切小塊的新鮮水果，最後把剩餘的冰淇淋鋪滿。用保鮮膜包起來，放入冷凍庫，直到定形。

## 延伸學習 ——————

**在派皮裡面填滿餡料**　將餡料倒入派皮後，把頂部抹平，並讓餡料穩穩地裝在派皮裡。需要的話就多加一點。

**中央會抖動**　內餡應該還會有一點流動。烘焙的時候，烤得稍微軟一點都比烤過頭、凝結、烤得太乾還要好，反正南瓜派冷卻後會變得更結實。

# 基本派皮

你可以用手（比較難處理但很好玩）或機器（簡單且連新手都會）練習製作派皮的技巧。

**切入奶油**　用食物調理機：把 16 大匙（2 條）非常冰的奶油切成 0.6 公分大小。把 2 ¼ 杯中筋麵粉、1 茶匙鹽、2 茶匙糖放入機器裡，間歇攪打一、兩次，使材料混合在一起。接著放入奶油，間歇攪打，直到奶油和麵粉差不多混合，變得像玉米粉。

　用手：把所有乾料和奶油塊放入大碗裡，兩隻手各握一把刀子，來回切過混合物。或者也可以只用手指尖捏起一撮麵粉和奶油，捏一捏剝碎再放回碗裡，直到麵團混合，變得像玉米粉。

**使麵團成形**　把混合物移到大碗裡，加入 6 大匙冰水。要用真正的冰水，而不只是冷水。冰水可幫助麵團維持在低溫狀態，也能讓奶油堅硬不軟化，這點是製作柔軟、層狀派皮的關鍵。用雙手混合麵團，直到麵團形成球形，需要的話可以再加 1~2 大匙冰水（或者如果加了太多水，就多加一點麵粉）。

**捏出兩個碟形**　用刀子把麵團切成兩半。輕輕拍打兩個麵團，用雙手把麵團壓成厚厚的碟形，並用大拇指維持圓形。同樣的，重點是不要捏過頭、讓麵團變得太熱，也不要用力揉捏，只要用適當的壓力輕輕捏，剛好能維持形狀即可。用保鮮膜把兩個碟形包起來，放入冷凍庫冰凍 10 分鐘，或者冷藏至少 30 分鐘，再把麵團擀開。如果你只做一個派，就把另一個碟形麵團冷凍起來，留待下次使用。

**撒一些麵粉**　一定要在乾淨的工作枱上做。拿起一大撮麵粉，很快地撒在枱面上，然後撒在麵團上。用意是要在枱面上鋪上薄薄一層麵粉，撒上的量要足以消除摩擦力，卻又不至於讓麵團變得太乾。擀麵團時，如果麵團開始黏在枱面上，就用鏟子把麵團鏟起來，在底下多撒一點麵粉。如果麵團開始黏在擀麵棍上，就在麵團表面撒一點麵粉，或在手掌上撒一點，再用雙手推動擀麵棍。

**擀麵團**　在擀麵棍上施加堅定、穩固的力道，但不要太用力。從中央開始向外擀，把麵團擀成圓形。避免來回擀，一直都要從中央向外擀。如果覺得麵團很硬，不妨先放上幾分鐘。假如麵團太黏，就加點麵粉。如果真的很黏，就放回冰箱冷藏或冷凍幾分鐘。擀麵團的時候，視需要加一點麵粉，讓麵團轉動，或用鏟子翻面，以便擀成均勻的圓形。

**修補缺口**　若要修補裂開的派皮，可以從不整齊的派皮邊緣捏下一小塊，加上一滴水，然後把這一塊壓在裂開的地方。繼續擀動，讓這一小塊與派皮慢慢黏合。如果看得出修補的痕跡也沒關係，其實除了你以外沒人會知道。

假如麵團太黏，造成困擾，就試著把
麵團放在兩張烘焙紙或保鮮膜之間擀。

**把麵團放進派盤裡**　把麵團擀到比派盤大 5 公分左右，而且厚度不超過 0.3 公分，就完成了。用擀麵棍把麵團捲起一半，這樣比較好移動，然後放到派盤中央，捲動擀麵棍，把派皮放好。把麵團壓進盤子的輪廓裡，不要擠壓也不要拉伸。最後修剪一下四周多出來的麵團，露出派盤的部分只留下 1.2 公分寬（如果你只做一個派，可以把切下的部分塞到派皮底下，讓派的邊緣比內部厚一點）。把派盤放入冰箱冷藏。接著製作派頂，把第二個碟形麵團放在平坦的淺烤盤上（先撒一點麵粉），擀成圓形，同樣放入冰箱。

# 蘋果派

Apple Pie

時間：大約 2 小時

分量：一個 22.5 公分（9 英寸）的派
（8 人份）

---

不是很簡單，不過你現在是訓練有素
的主廚了，怎麼能不試試？

---

· 1 份基本派皮（B5:80）　好並冷藏
· ½ 杯塞滿的紅糖
· ½ 茶匙肉桂粉
· ⅛ 茶匙新鮮現磨的肉豆蔻
· 少許鹽
· 5~6 顆蘋果（約 900 克，五爪蘋果以
　外的任何蘋果都可以）
· 1 大匙新鮮檸檬汁
· 1½ 茶匙玉米澱粉，非必要
· 2 大匙奶油，預先放軟
· 牛奶備用
· 白砂糖備用

1. 把派皮擀好（底層派皮也已放入派
　盤），放入冰箱備用。烤箱預熱到
　220℃。

2. 把紅糖、肉桂粉、肉豆蔻粉和鹽放
　入大碗內輕拌混合。蘋果削皮、去
　核、切成四等分，再切片，厚度大
　約 1.2~2 公分。把蘋果、檸檬汁和
　糖與辛香料混合物輕拌均勻，如果
　要加玉米澱粉也在這時加入。從冰
　箱取出派皮。

3. 把蘋果放到底層派皮上，中央堆得
　比周圍高一點點。上面點上一些
　奶油。用擀麵棍把頂層派皮捲起一
　半，這樣比較好移動，然後放到派

的中央，捲開之後蓋上。把周圍突
出太多的派皮修剪掉一點，然後用
叉子的尖齒把上下派皮壓住黏合，
也當做派皮的裝飾。

4. 整個派放到帶邊淺烤盤上，頂部輕
　輕刷上牛奶，並撒一點白砂糖。用
　削皮小刀在頂部切出幾道 5 公分
　長的開口，讓蒸氣能夠逸出。烘焙
　20 分鐘，然後把烤箱溫度調降到
　170℃，再烤 40~50 分鐘，直到派
　皮變成金黃色且顯現出層狀質地。
　放在架子上冷卻，再切成楔形，可
　以溫溫的吃或放到常溫再吃。若要
　保存起來，則用鋁箔紙鬆鬆包起，
　盡量在 1~2 天內吃掉。

一定要讓平面朝下擺在砧
板上，這樣切才穩。

**蘋果削皮**　削法就像馬鈴
薯。

**一顆蘋果切成四等
分**　穿過果核向下切
（手指頭離遠一點），
然後每一半再切成兩
半。

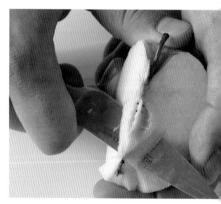

**切除果核**　這需要一點練習，
主要是讓刀子切向你。用拿
刀那隻手的大拇指幫忙穩住蘋
果，並引導刀子的切割方向。

## 極簡小訣竅

▶ 選擇做派的蘋果時，請選你喜歡的種類。一般來說，爽脆的蘋果烘焙後會變軟，但還能維持形狀；鬆軟的蘋果會散掉，而且變得軟爛。

▶ 蘋果不一定要削皮，如果皮很薄、沒有上蠟且不苦（或你剛好喜歡那種苦味），可以不削皮。不過烘烤後，帶皮的蘋果有時會有部分皮肉分離，這一點你最好有心理準備。

▶ 烘焙時，蘋果會釋出汁液，而加入玉米澱粉可讓汁液變得濃稠。如果你喜歡比較厚實、比較甜膩的蘋果派，可以加玉米澱粉。假如你喜歡多汁一點的蘋果派，就不用加。

## 變化作法

▶ **藍莓派：**用 1,400 毫升的藍莓取代切片蘋果。不要加肉桂和肉豆蔻。

▶ **桃子派：**用桃子取代蘋果，如果不喜歡肉桂和肉豆蔻也可以不要加。

▶ **櫻桃派：**用 1,400 毫升的去核甜櫻桃（冷凍的也可以，這樣冬天也可以做出美味的櫻桃派，趁著做派皮時，先把冷凍櫻桃放在濾鍋內解凍）。不加各種辛香料。

**移動頂部的派皮**　用擀麵棍是最好的方法。把頂部派皮鋪上去，整張順著下垂（不要有皺摺），蓋住整個派，而且邊緣有一部分懸垂在外。

**壓下派皮，使之黏合**　有很多方法既能產生裝飾圖案，也可以黏住派皮，不過用叉子的尖齒向下壓一圈，是連新手都會的簡單方法。

# 13 種場合的菜單準備

## 做自己想做的菜

要列出一餐的組合時，我不會拘泥於一般的慣例。我總是主張：「就吃你喜歡的！」這個方法對初學者而言真是一大福利，畢竟要擔心的大小事實在太多。也因此，這本書把重點放在單一菜色，而不是菜單之類的東西，唯一的例外是基礎的上菜建議。

話說回來，某些指引對擬定菜單還是很有用，特別是要請客、準備一頓大餐的時候。這裡的各種組合可以給你一些想法，不妨由此開始。若不熟悉各道食譜作法，可參照每道菜後面所標示的《極簡烹飪教室》分冊頁次。

營養是飲食的核心，因此擬定菜單時，最少要花費一些心思去留意「平衡飲食」，也就是涵括多種食物。但要吃得好，不必非得是營養學家不可，只要稍微注意風味、質地和色彩等方面的組合，且從最新鮮、加工最少的食材著手，就可以吃得營養，也能夠盡情享用。

有一個重點永遠值得留意：菜餚可以趁熱上桌，也可以放到室溫再吃。關於平常用餐及宴客的時候如何擬定菜單，還可參考本系列第一冊 38 頁及特別冊〈廚房黃金準則〉。

---

## 週末早餐的手作菜單

以一道菜為主。也許再搭些肉類，再切一點水果。

- 洋蔥乳酪烤蛋（B1：30）
- 早餐的肉類（B1：11）

## 豐盛早午餐的手作菜單

如果你做了香蕉麵包、切點鳳梨，而且前一天晚上為香腸準備了燈籠椒和洋蔥，就可以睡得飽飽，等到太陽曬屁股再把所有材料組合起來。

- 切鳳梨（B5：59）
- 洋蔥乳酪烤蛋（B1：30）
- 燈籠椒炒肉腸（B4：34）
- 燒烤或炙烤番茄（B3：66）
- 香蕉麵包（B5：26）

## 在家用午餐的手作菜單

只要可以搭配沙拉，就一定不會錯。也可以只做一大碗沙拉或熱湯之類的。

- 青花菜肉腸義大利麵（B3：20）
- 碎丁沙拉（B1：84）
- 一條好麵包（B5：10）

或下列這一組……

- 味噌湯（B2：54）
- 亞洲風味沙拉（B1：79）
- 原味的蕎麥麵或烏龍麵條（B3：28）

## 一群人共進午餐的手作菜單

舉辦午餐派對的壓力會比為一群人準備豪華晚宴還要小，特別是對新手主廚來說，但可以同樣令人讚歎。所有菜餚（甚至捲心菜沙拉）都可以在一、兩天前準備好，需要的話再重新加熱。這一餐可以讓大家坐著享用，也可以採取自助形式。

- 香料植物蘸醬（B1：46）
- 藍紋乳酪焗烤花椰菜（B3：86）
- 烘烤燈籠椒（B1：66）
- 鷹嘴豆，普羅旺斯風味（B3：94）
- 軟透大蒜燉雞肉（B4：68）
- 奶油餅乾（B5：54）

## 兩個人野餐的手作菜單

很棒的野餐只需要一個保冰桶就夠了。如果野餐地點不遠，甚至連保冰桶都不需要。我喜歡讓野餐很隨意，但是氣氛要好，所以請帶真正的盤子、玻璃杯、叉子、紙巾，並準備桌布或鋪巾，鋪在野餐桌或地面上。如果是臨時的小型野餐，隔夜菜是最好的方法。假如你不想準備這整套菜單，可以用手邊現有的東西取代，有什麼就吃什麼。

- 烤雞肉塊，吃冷食（B4：66）
- 地中海馬鈴薯沙拉（B1：98）
- 燕麥巧克力脆片餅乾（B5：52）

## 辦公室午餐的手作菜單

帶前一天做的隔夜菜，沒有什麼比這個更棒。

## 每日晚餐的手作菜單

不必做得比午餐更豪華或更豐富。也許可以加上點心。

- 雞肉片佐快煮醬汁（B4：58）
- 迷迭香烤馬鈴薯（B3：64）
- 清蒸蘆筍（B3：60）
- 桃子（或其他水果）脆餅（B5：60）

## 每日蔬食晚餐的手作菜單

現在很多人開始試著一週至少騰出一晚不吃肉，這真的不難做到！

- 西班牙風味小扁豆配菠菜（B3：96）
- 米飯（B3：34）
- 楓糖漿蜜汁胡蘿蔔（B3：68）
- 覆盆子雪酪（B5：70）

## 室內烤肉派對的手作菜單

隆冬時分讓家裡充滿夏日氣息是最棒的。邀請一些人來家裡，辦場派對吧！

- 快速酸漬黃瓜（B1：56）
- 辣味捲心菜沙拉（B1：88，把食譜放大成 2 倍的量）
- 煙燻紅豆湯（B2：60）
- 炭烤豬肋排（B4：42）
- 玉米麵包（B5：24）
- 椰子千層蛋糕（B5：76）

## 義式麵食派對的手作菜單

我不是很喜歡把義式麵食做成沙拉，因為冷的時候嚼起來有點累。不過有些義式麵食在常溫下非常美味，所以這套菜單很適合用來宴客。策略是這樣的：前幾天預先烤好餅乾；一天前把義式千層麵的材料組合起來，並預先準備好所有蔬菜，全部放進冰箱冷藏。客人預計到達的 1 小時前把義式千層麵從冰箱裡拿出來；煎蘑菇，把烤盤放入烤箱。趁著烤千層麵時，準備好其他義式麵食，並拌些沙拉。然後以熱騰騰的千層麵為主菜，其他菜餚當「配菜」。

- 凱薩沙拉（B1：86，需要的話，食譜分量可增至 2 或 3 倍）
- 肉醬千層麵（B3：26）
- 青醬全麥義大利麵（B3：22）
- 青花菜義式麵食（B3：21）
- 煎煮蘑菇（B3：70）
- 榛果口味的義式脆餅（B5：58）

## 家常煎魚的手作菜單

非常適合週六的晚餐，或任何一天的晚餐也很棒。別出心裁的亞洲風味也讓這一餐格外適合聚餐。

- 酥脆芝麻魚片（B2：18）
- 生薑炒甘藍（B3：62）
- 米飯（B3：34）
- 爐煮布丁（B5：66）

## 餐廳水準的晚餐派對手作菜單

有好幾種形式可以選擇，不妨從最複雜的開始：一道道菜陸續上桌，一盤裝 1 人份。也可以採取家庭聚餐形式。或設置成自助取餐方式。

- 義式烤麵包（B1：58~61）
- 輕拌蔬菜沙拉（B1：78）
- 香料植物烤豬肉（B4：38）
- 蘑菇玉米糊（B3：52）
- 酥脆紅蔥四季豆（B3：78）
- 巧克力慕斯（B5：68）

## 雞尾酒派對的手作菜單

把預先做好的食物擺成豐盛的自助餐形式，看起來是最簡單的方法，而且菜餚的數量也可以很有彈性。就讓每道菜的分量幫助你估計可以讓多少人吃飽，需要的話可以把食譜的分量變成 2、3、4 倍，然後把所有菜餚的份數加總起來，於是你準備的總量會比全部的人數稍微多一點。

舉例來說，如果你邀請 20 人，則預估的總量是 30 份。不需要讓每一道菜都足夠所有人吃，假如你很有雄心壯志（而且樂於忙個不停），不妨做些一直要待在廚房裡看著的菜，讓客人到處閒逛。

- 甜熱堅果（B1：43）
- 義式開胃菜，依照你的喜好組合搭配（B1：38）
- 魔鬼蛋（B1：62）
- 鑲料蘑菇（B1：68）
- 烘烤奶油鮭魚（B2：20）
- 辣醬油亮烤雞翅（B4：65）
- 油炸甘薯餡餅（B1：72）
- 布朗尼蛋糕（B5：48）

# 極簡烹飪技法速查檢索

如果擁有一整套的《極簡烹飪教室》，當你需要更熟練某一種技巧，或是查詢某食材的處理方法，便可從本表反向查找到遍布全系列各冊中，列有詳細解說之處。

## 準備工作

# 烹飪技巧

# 重要名詞中英對照

| | | | |
|---|---|---|---|
| 小烤皿 | ramekin | 高筋麵粉 | bread flour |
| 小酒杯 | shot glass | 堅果奶 | nut milk |
| 小麥胚芽 | wheat germ | 軟性發泡 | soft peak |
| 小麥麩皮 | wheat bran | 快速麵包 | quick bread |
| 方形蛋糕 | sheet cake | 雪酪 | sorbet |
| 半硬質乳酪 | semihard cheese | 斯卑爾脫小麥 | spelt |
| 可可 | cacao | 硬性發泡 | stiff peak |
| 可可固形物 | cocoa solids | 間歇攪打 | pulse |
| 可可脂 | cocoa butter | 黃蛋糕 | yellow cake |
| 巧克力脆片 | chocolate chip | 黑麥 | rye |
| 巧克力醬 | fudge sauce | 義大利拖鞋麵包 | ciabatta |
| 布丁杯 | custard cup | 義式脆餅 | biscotti |
| 布朗尼蛋糕 | brownies | | |
| 打彎的鏟子 | offset spatula | | |
| 白砂糖 | granulated sugar | | |
| 全麥麵粉 | whole wheat flour | | |
| 冰沙 | granita | | |
| 低筋麵粉 | cake flour (pastry flour) | | |
| 佛卡夏麵包 | focaccia | | |
| 速發酵母 | instant yeast (rapid-rise yeast, quick-rising yeast) | | |
| 披薩刀 | pizza cutter | | |
| 披薩餃 | calzone | | |
| 盲烤 | blind baking | | |
| 直鏟 | straight blade | | |
| 酥頂派 | cobbler | | |
| 活性乾酵母 | active dry yeast | | |
| 五爪蘋果 | Red Delicious | | |
| 英式奶油酥餅 | shortbread | | |
| 食糖 | table sugar | | |
| 奶油糖霜 | buttercream | | |
| 桌上型攪拌器 | standing mixer | | |
| 粉糖 | pulverized sugar | | |
| 馬士卡彭乳酪 | mascarpone | | |

# 換算測量單位

---

## 必備的換算單位

### 體積轉換為體積

| | |
|---|---|
| 3 茶匙 | 1 大匙 |
| 4 大匙 | ¼ 杯 |
| 5 大匙加 1 茶匙 | ¹/³ 杯 |
| 4 盎司 | ½ 杯 |
| 8 盎司 | 1 杯 |
| 1 杯 | 240 毫升 |
| 2 品脫 | 960 毫升 |
| 4 夸特 | 3.84 升 |

### 體積轉換成重量

| | |
|---|---|
| ¼ 杯液體或油脂 | 56 克 |
| ½ 杯液體或油脂 | 112 克 |
| 1 杯液體或油脂 | 224 克 |
| 2 杯液體或油脂 | 454 克 |
| 1 杯糖 | 196 克 |
| 1 杯麵粉 | 140 克 |

## 公制的概略換算

### 測量單位

| | |
|---|---|
| ¼ 茶匙 | 1.25 毫升 |
| ½ 茶匙 | 2.5 毫升 |
| 1 茶匙 | 5 毫升 |
| 1 大匙 | 15 毫升 |
| 1 液盎司 | 30 毫升 |
| ¼ 杯 | 60 毫升 |
| ¹/³ 杯 | 80 毫升 |
| ½ 杯 | 120 毫升 |
| 1 杯 | 240 毫升 |
| 1 品脫（2 杯） | 480 毫升 |
| 1 夸特（4 杯） | 960 毫升（0.96 升） |
| 1 加侖（4 夸特） | 3.84 升 |
| 1 盎司（重量） | 28 克 |
| ¼ 磅（4 盎司） | 114 克 |
| 1 磅（16 盎司） | 454 克 |
| 2.2 磅 | 1 公斤（1,000 克） |
| 1 英寸 | 2.5 公分 |

### 烤箱溫度

| 描述 | 華氏溫度 | 攝氏溫度 |
|---|---|---|
| 涼 | 200 | 90 |
| 火候非常小 | 25 | 120 |
| 小火 | 300–325 | 150–160 |
| 中小火 | 325–350 | 160–180 |
| 中火 | 350–375 | 180–190 |
| 中大火 | 375–400 | 190–200 |
| 大火 | 400–450 | 200–230 |
| 火候非常大 | 450–500 | 230–260 |

How to Cook Everything the Basics:
All You Need to Make Great Food

# 《極簡烹飪教室》
### 系列介紹

　　人人皆知在家下廚的優點，卻難以落實於生活中，讓真正的美好食物與生活同在。這其實都只是欠缺具組織系統的教學、富啟發性的點子，以及深入淺出的指導，讓我們去發掘自己作菜的潛能與魔力。《極簡烹飪教室》系列分有 6 冊，在這 6 冊中，將可以循序漸進並具系統性概念，且兼顧烹飪之樂與簡約迅速的原則，從 185 道經典的跨國界料理出發，實踐邊做邊學邊享受的烹飪生活。

## —— Book 1 ——
### 早餐、點心與沙拉
44 道難度最低的早餐輕食，起步學作菜。

極簡烹飪教室 1：早餐、點心與沙拉
Breakfast, Appetizers and Snacks, Salads
ISBN　978-986-92039-7-5　定價　250

## —— Book 2 ——
### 海鮮、湯與燉煮類
30 道快又好做的料理，穩扎穩打建立自信心。

極簡烹飪教室 2：海鮮、湯與燉煮類
Seafood, Soups and Stews
ISBN　978-986-92039-8-2　定價　250

**— Book 3 —**

**米麵穀類、蔬菜與豆類**

37 道撫慰人心的經典主食，絕對健康營養。

極簡烹飪教室 3：米麵穀類、蔬菜與豆類

Pasta and Grains, Vegetables and Beans

ISBN 978-986-92039-9-9 定價 250

**— Book 5 —**

**麵包與甜點**

收錄 35 道經典百搭的可口西點。

極簡烹飪教室 5：麵包與甜點

Breads and Desserts

ISBN 978-986-92741-1-1 定價 250

**— Book 4 —**

**肉類**

35 道風味豐富的進階料理，準備大展身手。

極簡烹飪教室 4：肉類

Meat and Poultry

ISBN 978-986-92741-0-4 定價 250

**— 特別冊 —**

**廚藝之本**

新手必備萬用指南，打造精簡現代廚房。

極簡烹飪教室：特別本

Getting Started

ISBN 978-986-92741-2-8 定價 120

極簡烹飪教室 5　麵包與甜點

How to Cook Everything The Basics:
All You Need to Make Great Food
— Meat and Poultry

作者　　　馬克·彼特曼 Mark Bittman

譯者　　　王心瑩

編輯　　　郭純靜

副主編　　宋宜真

行銷企畫　陳詩韻

總編輯　　賴淑玲

封面設計　謝佳穎

內頁編排　劉孟宗

社　長　　郭重興

發行人　　曾大福

出版總監　曾大福

出版者　　大家出版

發　行　　遠足文化事業股份有限公司

　　　　　231 新北市新店區民權路 108-4 號 8 樓

　　　　　電話　(02)2218-1417　　傳真　(02)8667-1851

　　　　　劃撥帳號　19504465　　戶名　遠足文化事業有限公司

法律顧問　華洋法律事務所　蘇文生律師

定　價　　250 元

初版　　　2016 年 3 月

HOW TO COOK EVERYTHING THE BASICS:
All You Need to Make Great Food-With 1,000 Photos by Mark Bittman
Copyright © 2012 by Double B Publishing
Photography copyright © 2012 by Romulo Yanes
Published by arrangement with Houghton Mifflin Harcourt Publishing Company
through Bardon-Chinese Media Agency
Complex Chinese translation copyright © 2016
by Walkers Cultural Enterprises Ltd. (Common Master Press)
ALL RIGHTS RESERVED

國家圖書館出版品預行編目 (CIP) 資料

極簡烹飪教室 . 5, 麵包與甜點 / 馬克·彼特曼 (Mark Bittman) 著，王心瑩譯·
— 初版·— 新北市：大家出版：遠足文化發行，2016.03
面；公分；譯自：How to cook everything the basics : all you need to make great food
ISBN 978-986-92741-1-1( 平裝 )

1. 點心食譜

427.1　　　104029151